职业教育课程改革创新规划教材·技能应用系列

数控车削技术与技能应用

李国举 主 编

王国玉 主 审

电子工业出版社

Publishing House of Electronics Industry

北京·BEIJING

内容简介

本书根据数控车中级国家职业标准的培养目标和就业市场的实际岗位需求，以实用型技能人才的职业素养所必需的基本技能和基本知识为原则，共设计了5个项目：从最简单的数控入门——外圆的车削开始，由易及难，由简单到复杂地安排了轴的车削、槽的车削、螺纹的车削和非圆轮廓的加工。其中轴的车削、槽的车削和螺纹的车削是本书的重点。非圆轮廓的加工将为在数控技术上有较强求知欲的读者提供一个开阔眼界的视野。项目的实施以指令的应用为骨架，读者通过对项目的学习，将能够熟练掌握FANUC 0i Mate-TC 系统常用指令的使用方法；通过项目的训练，可使读者掌握数控车削的操作技能和编程方法。本书重在基本技能的培养和基本知识的学习，教师通过理论实践一体化教学，引导学生于做中学，将能够培养学生分析加工工艺、编写加工技术文件和操作数控车床的能力，使教学效果达到最大化。

为了方便教学，本书配有电子教学参考资料包，详见前言。

未经许可，不得以任何方式复制或抄袭本书之部分或全部内容。
版权所有，侵权必究。

图书在版编目（CIP）数据

数控车削技术与技能应用 / 李国举主编. —北京：电子工业出版社，2014.5
职业教育课程改革创新规划教材. 技能应用系列

ISBN 978-7-121-23001-1

Ⅰ.①数… Ⅱ.①李… Ⅲ.①数控机床—车床—车削—中等专业学校—教材 Ⅳ.①TG519.1

中国版本图书馆CIP数据核字（2014）第079836号

策划编辑：张　帆
责任编辑：张　帆
印　　刷：北京虎彩文化传播有限公司
装　　订：北京虎彩文化传播有限公司
出版发行：电子工业出版社
　　　　　北京市海淀区万寿路173信箱　邮编　100036
开　　本：787×1 092　1/16　印张：10.5　字数：268.8千字
版　　次：2014年5月第1版
印　　次：2025年1月第9次印刷
定　　价：24.80元

凡所购买电子工业出版社图书有缺损问题，请向购买书店调换。若书店售缺，请与本社发行部联系，联系及邮购电话：（010）88254888，88258888。
质量投诉请发邮件至 zlts@phei.com.cn，盗版侵权举报请发邮件至 dbqq@phei.com.cn。
本书咨询联系方式：（010）88254592，bain@phei.com.cn。

前　言

本书是参照《中等职业学校数控技术应用专业领域技能型紧缺人才培养指导方案》的核心课程——"数控车削编程与操作训练"的教学内容和教学要求，并符合数控车削编程与操作员岗位要求编写的项目课程教材。

本书主要有以下特点。

（1）编写中始终坚持"以就业为导向，以能力为本位"的教育教学理念，切实贯彻学生"于做中学"的指导方针。本着易学、够用，实践性强，将理论与实践有机结合，使"做"、"学"、"教"统一于项目的整个进程。

（2）本书重在对学生的基本功的培养和基本知识的学习，以学生为主体，体现教学组织的科学性和灵活性，重点突出基本技能的培养和基本知识的传授。以项目引领、任务驱动的方式将加工工艺和生产实践相结合，最大限度地将编程和加工整合为一个有机的整体。按照数控加工的一般工艺设置教学项目和任务，由易到难，由简到繁，循序渐进地组织教学。

（3）通过对项目的学习，掌握相关指令的使用方法和数控车床的操作技能，在操作的过程中，培养学生分析加工工艺的能力和编写加工技术文件的能力，培养学生爱岗敬业、团结协作的精神，使教学方式最优化，教学效果最大化。

（4）本书根据 FANUC 0i Mate-TC 编写，学生通过对轴类、槽类、螺纹以及非圆曲线的车削等项目的学习，将能够熟练掌握 FANUC 0i Mate-TC 系统相关指令的使用方法和相关工件的加工工艺，能够熟练操作车床完成工件的精密加工。

（5）本书实用性强、重点突出、层次分明、图文并茂、言简意赅、通俗易懂。

本书既适合于中等职业学校机电和数控类专业作为教材使用，也适合作为数控类岗位准入培训用书，还可作为相关专业技术工人了解新知识、学习新技术、掌握新工艺和运用新方法的自学教材。

本书由河南省禹州市第一职业高中李国举任主编，并编写了项目一、项目四和项目五；项目二由河南省禹州市第一职业高中靳春丽编写；项目三由河南省南阳第四中等职业学校侯建胜编写。本书由河南信息工程学校王国玉老师担任主审，在编写过程中还得到了沈阳机床有限公司的大力支持，在此一并表示衷心的感谢！

由于编者水平有限，书中难免存在缺点和错漏之处，恳请读者和同仁批评指正。

为了方便教学，本书配有电子教学参考资料包，包括电子教案、教学指南及习题答案，请有此需要的教师登录华信教育资源网（www.hxedu.com.cn）免费注册后进行下载，如果有问题请在网站留言或与电子工业出版社联系（E-mail:hxedu@phei.com.cn）。

编　者

2014 年 2 月

目　　录

项目一　外圆的车削 ·· 1
　项目基本技能 ·· 1
　　【技能应用一】G00 和 G01 指令的使用 ·· 1
　　【技能应用二】G90 指令的使用 ·· 4
　项目基本知识 ·· 10
　　【知识链接一】程序的结构 ·· 10
　　【知识链接二】基本指令 G00 和 G01 ·· 12
　　【知识链接三】循环指令 G90、G94 和 G96 ·· 13
　　【知识链接四】坐标系 ·· 16
　　【知识链接五】切削用量的选择 ·· 19
　　【知识链接六】绝对值、增量值和混合值编程 ·· 20
　　【知识链接七】游标卡尺和外径千分尺的使用 ·· 21
　项目综合训练 ·· 22
　　【综合训练一】车削阶梯轴工件 ·· 22
　　【综合训练二】车削盘类工件 ·· 25
　　【技能训练】 ·· 27
项目二　轴的车削 ·· 29
　项目基本技能 ·· 29
　　【技能应用一】G71 和 G70 指令的使用 ·· 29
　　【技能应用二】G73 和 G70 指令的使用 ·· 32
　项目基本知识 ·· 37
　　【知识链接一】基本指令 G02 和 G03 ·· 37
　　【知识链接二】循环指令 G71、G70 和 G73 ·· 38
　　【知识链接三】刀具半径补偿指令 G42、G41 和 G40 ······························ 41
　　【知识链接四】倒角 C、拐角 R 指令 ·· 43
　　【知识链接五】图纸参数编程 ·· 45

【知识链接六】G50 法对刀 ······ 46
【知识链接七】套筒类工件的加工与检测 ······ 47
项目综合训练 ······ 50
【综合训练一】车削锥面工件 ······ 50
【综合训练二】车削圆弧工件 ······ 52
【综合训练三】车削成型工件 ······ 55
【综合训练四】车削套类工件 ······ 57
【技能训练】 ······ 61

项目三　槽的车削 ······ 67
项目基本技能 ······ 67
【技能应用一】G01 和 G04 指令的使用 ······ 67
【技能应用二】G75 和 G74 指令的使用 ······ 70
【技能应用三】G72 和 G70 指令的使用 ······ 72
【技能应用四】M98 和 M99 的使用 ······ 75
项目基本知识 ······ 77
【知识链接一】基本指令 G04 ······ 77
【知识链接二】循环指令 G75、G74 和 G72 ······ 78
【知识链接三】子程序的调用 M98 和返回 M99 ······ 80
【知识链接四】凸、凹圆弧表面余量的去除方法 ······ 81
项目综合训练 ······ 82
【综合训练一】车削深槽轴类工件 ······ 82
【综合训练二】车削 V 形槽工件 ······ 85
【综合训练三】车削手柄工件 ······ 89
【技能训练】 ······ 91

项目四　螺纹的车削 ······ 94
项目基本技能 ······ 94
【技能应用一】G32 指令的使用 ······ 94
【技能应用二】G92 指令的使用 ······ 97
【技能应用三】G76 指令的使用 ······ 101
项目基本知识 ······ 103
【知识链接一】螺纹切削指令 G32、G92 和 G76 ······ 103
【知识链接二】螺纹的种类及牙型 ······ 106
【知识链接三】螺纹的车削方法 ······ 109
【知识链接四】螺纹的测量 ······ 111
项目综合训练 ······ 112
【综合训练一】车削连续螺纹工件 ······ 112
【综合训练二】车削双线螺纹工件 ······ 115
【综合训练三】车削梯形螺纹工件 ······ 118

【技能训练】 121

项目五　非圆轮廓的车削 129
　项目基本技能 129
　　【技能应用一】IF GOTO 指令的使用 129
　　【技能应用二】WHILE DO 和 END 指令的使用 131
　　【技能应用三】G65 指令的使用 134
　项目基本知识 136
　　【知识链接一】变量 136
　　【知识链接二】转移与循环控制指令 GOTO、IF GOTO 和 WHILE DO-END 138
　　【知识链接三】常见非圆曲线的类型和车削 140
　　【知识链接四】宏程序的调用指令 G65、G66 和取消指令 G67 144
　项目综合训练 145
　　【综合训练一】车削抛物线椭圆工件 145
　　【综合训练二】车削正弦曲线工件 148
　　【综合训练三】车削椭圆沟槽工件 151
　　【技能训练】 155

附录　FANUC 0i Mate-TC 系统常用 G 指令表 157
参考文献 158

项目一

外圆的车削

项目基本技能

【技能应用一】G00 和 G01 指令的使用

毛坯为 ϕ40mm 的塑料棒，试使用 G01 指令车削成如图 1-1 所示零件。

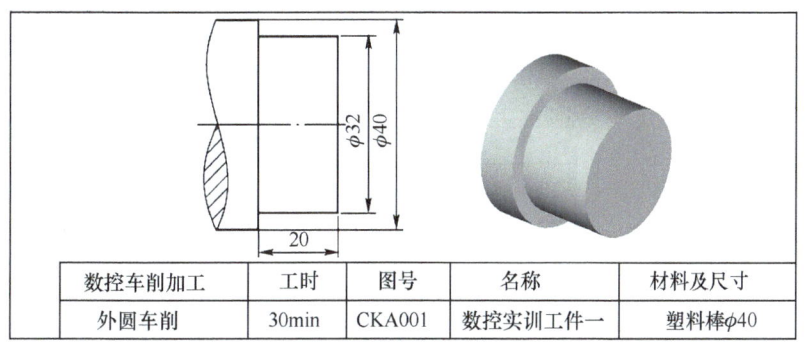

图 1-1 外圆工件加工示例（一）

一、装夹工件和刀具

1. 定位并夹紧工件

通过分析可知，零件轮廓仅由圆柱面构成，且没有相应的尺寸公差要求，无热处理和硬度要求。装夹时将毛坯伸出 40mm，用三爪自定心卡盘装夹毛坯。三爪自定心卡盘的三个卡爪是同步运动的，能自动定心，一般不需要找正。三爪自定心卡盘装夹工件，具有方便、省时等特点，但只适合于装夹外形规则、长度较短的工件。三爪卡盘及其装夹工件如图 1-2 所示。

2. 安装粗车刀

使用 90°硬质合金右偏刀粗车工件，因此，首先将刀架上的 1#刀位旋转到当前加工位置，再将该车刀安装到该刀位。使 1#刀位旋转到当前加工刀位的一个方法是：

（1）使机床置于 JOG 模式。

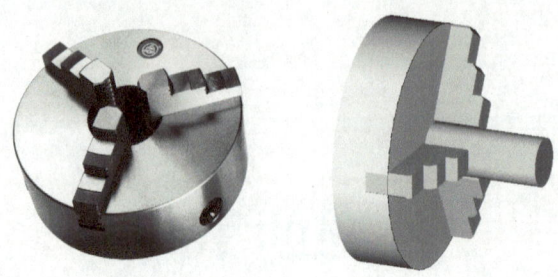

图1-2 三爪卡盘及其装夹工件

（2）在操作面板上单击换刀启动键，刀台旋转至一工位，直到显示刀位号为"1"；或者用手长按换刀启动键，直到刀台选中目标工位1时释放。

安装90°粗车刀时需注意：刀具的主偏角为89°左右；刀尖高度要与回转轴线等高或稍高一点，垫片尽可能少且平整；车刀不要伸出长度不超过刀杆厚度的1.5倍；轮换逐个拧紧螺钉。四刀位刀架装夹刀具如图1-3所示。

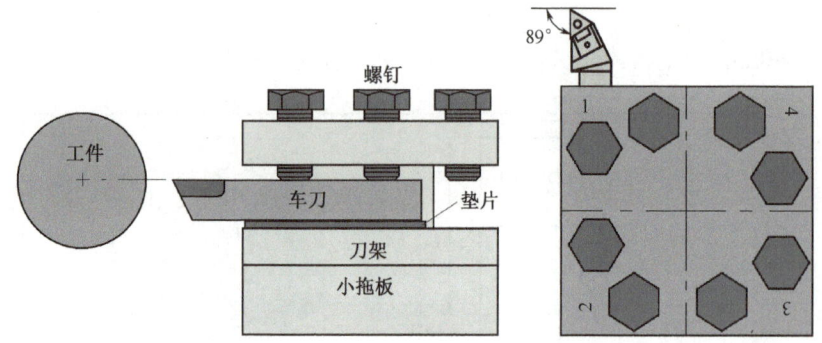

图1-3 四刀位刀架装夹刀具

二、对刀操作

（1）开启主轴，转速在300r/min左右。

（2）切换至手动模式，将1#刀置于当前刀位。

（3）切换为手摇模式。

（4）车端面，保持Z方向不动，将车刀沿+X方向退刀，如图1-4（a）所示。

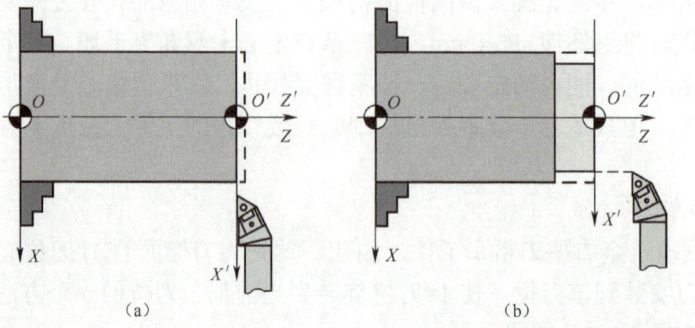

(a)　　　　　　　　　　(b)

图1-4 对刀操作示意图

(5)沿路径"OFS/SET/补正/形状"打开刀长补偿的设置界面,如图 1-5 所示。光标移动至番号 G001#的 Z 坐标处,键入"Z0",再按下软键"测量",光标所在的位置显示出 Z 方向的刀长补偿值。

(6)车外圆,保持 X 方向不动将车刀沿+Z 方向退刀,如图 1-4(b)所示。

(7)停车,用千分尺测量出所车外圆的直径**.**。

(8)沿路径"OFS/SET/补正/形状"打开刀长补偿的设置界面,将光标移动至番号 G001#的 X 坐标处,键入"X**.**",再按下软键"测量",在光标所在的位置显示出 X 方向的刀长补偿值。建立刀具补偿的界面如图 1-5 所示。

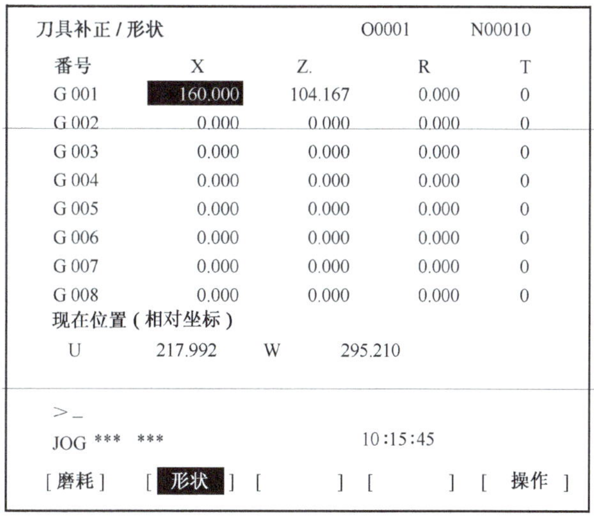

```
刀具补正 / 形状              O0001      N00010
番号         X          Z         R        T
G 001     160.000    104.167    0.000     0
G 002      0.000      0.000     0.000     0
G 003      0.000      0.000     0.000     0
G 004      0.000      0.000     0.000     0
G 005      0.000      0.000     0.000     0
G 006      0.000      0.000     0.000     0
G 007      0.000      0.000     0.000     0
G 008      0.000      0.000     0.000     0
现在位置(相对坐标)
     U    217.992    W    295.210

> _
JOG *** ***                       10:15:45
[ 磨耗 ]   [ 形状 ]   [   ]   [   ]   [ 操作 ]
```

图 1-5 建立刀具补偿的界面

说明:通过试切对刀,设定了 1#刀的刀长补偿。在程序中通过 T0101 指令来调用刀长补偿并建立工件坐标系。

三、编写并输入程序

将机床置于编辑模式,在编辑模式输入并编辑程序。参考程序(毛坯ϕ40×60)如表 1-1 所示。

表 1-1 数控实训工件一的参考程序

程序名		O0001		
	程序段号	完整程序	简化程序	说 明
程序内容	N10	T0101;	T0101;	换刀,调用刀补
	N20	M42;	M42;	变换挡位
	N30	S400 M03;	S400 M03;	开启主轴
	N40	G00 X40.0 Z2.0;	G00 X40.0 Z2.0;	快速定位
	N50	X36.0 Z2.0;	X36.0;	进刀
	N60	G01 X36.0 Z−20.0 F0.25;	G01 Z−20.0 F0.25;	车削第一刀
	N70	G01 X40.0 Z−20.0 F0.25;	X40.0;	退刀

续表

程序名		O0001		
	程序段号	完整程序	简化程序	说　明
程序内容	N80	G00 X40.0 Z2.0;	G00 Z2.0;	返回
	N90	G00 X32.0 Z2.0;	X32.0;	进刀
	N100	G01 X32.0 Z-20.0 F0.25;	G01 Z-20.0 F0.25;	车削第二刀
	N110	G01 X40.0 Z-20.0 F0.25;	X40.0;	退刀
	N120	G00 X40.0 Z2.0;	G00 Z2.0;	返回
	N130	G00 X80.0 Z100.0;	G00 X80.0 Z100.0;	返回至换刀点
程序结束	N140	M30;	M30;	程序结束

★ 注　意 ★

在 T 指令前不允许使用 G00、G01 指令，并且特别注意输入的坐标值的正负号和是否带有小数点。

四、加工工件并检测

（1）将机床置于自动运行模式。

（2）调出要加工的程序并将光标移动至程序的开始。

（3）按下"单步"按钮，将倍率调整旋钮置于 10%。

（4）按下"循环启动"按钮。

（5）加工过程中，用眼睛观察刀尖运动轨迹，左手控制倍率调整旋钮，右手控制循环启动和进给保持按钮。

（6）加工完成后，使用千分尺测量外圆直径的大小。

注意事项：a. 程序自动运行前必须将光标调整到程序的开头；

b. 程序中坐标值一定要有小数点，否则在有些机床中进给的单位为μm。

【技能应用二】G90 指令的使用

毛坯为 ϕ40mm 的塑料棒，试使用 G90 指令车削成如图 1-6 所示零件。

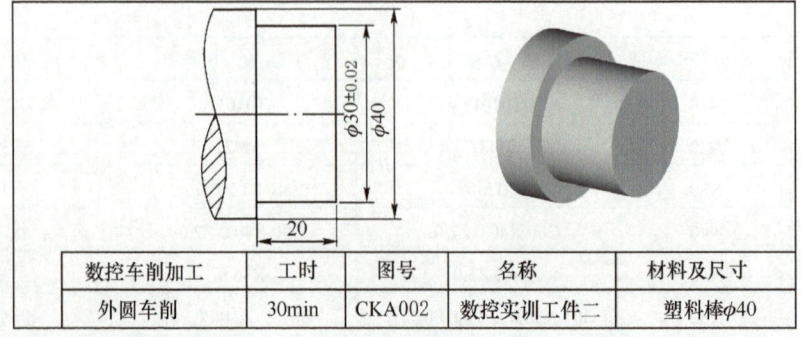

图 1-6　外圆工件加工示例（二）

一、装夹工件和刀具

1. 装夹工件并找正

通过分析可知，零件轮廓仅由圆柱面构成，无热处理和硬度要求，但外圆有相应的尺寸公差要求。装夹时将毛坯伸出 40mm，用三爪自定心卡盘装夹毛坯。

当工件精度要求较高时，需要找正。将百分表固定在工作台面上，触头垂直压在圆柱表面，手动转动卡盘，根据百分表读数，用铜棒轻敲工件进行找正，直到主轴旋转中百分表读数基本不变时（径向跳动在公差带范围之内时），将毛坯夹紧定位。找正工件示意图如图 1-7 所示。

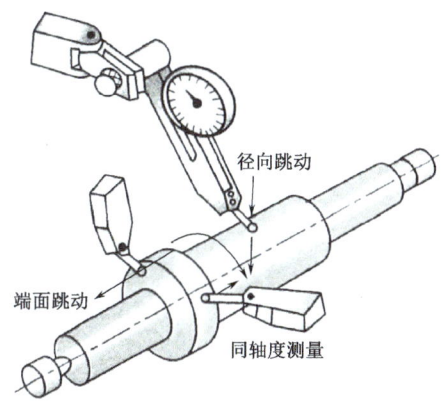

图 1-7　找正工件示意图

2. 安装粗车刀和精车刀

使用 90°硬质合金右偏刀粗车工件，因此，首先将该粗车刀安装到刀架的 1#刀位，操作方法和步骤已经前述。由于还需要使用 90°硬质合金右偏刀精车工件，因此还需要将精车刀安装到刀架上的相应刀位。依然是首先将刀架 2#刀位旋转到当前加工位置，安装精车刀的方法是首先将刀架 2#刀位旋转到当前加工位置，再将该精车刀安装到该刀位。现将 2#刀位确定为精车刀的刀位，使 2#刀位旋转到当前加工刀位的步骤是：

（1）按"MDI"键，使机床置于 MDI 模式。

（2）按"PRG"键。

（3）键入"T0202"。

（4）按绿色的循环启动键，则刀架自动旋转，直至将 2#刀位置于当前刀位为止。

安装 90°精车刀时需注意：刀具的主偏角为 93°左右；刀尖高度要与回转轴线等高或稍低一点，垫片尽可能少且平整；车刀不要伸出长度不超过刀杆厚度的 1.5 倍；轮换逐个拧紧螺钉。四刀位刀架装夹刀具如图 1-8 所示。

二、对刀操作

1. 对 1#刀进行对刀操作，设定工件坐标系并建立 1#刀的刀长补偿

（1）开启主轴，转速在 300r/min 左右。

（2）切换至手动模式。将 1#刀置于当前刀位。

（3）切换为手摇模式。

（4）车端面，保持 Z 方向不动，将车刀沿+X 方向退刀，如图 1-9（a）所示。

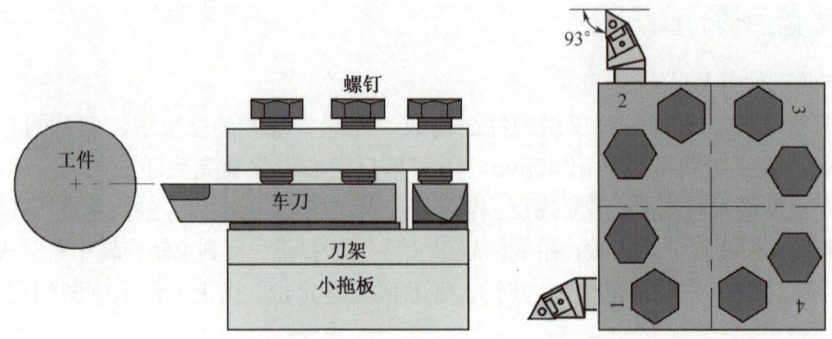

图 1-8 四刀位刀架装夹刀具

（5）沿路径"OFS/SET/补正/形状"打开刀长补偿的设置界面，如图 1-10 所示。光标移动至番号 G001#的 Z 坐标处，键入"Z0"，再按下软键"测量"，光标所在的位置显示出 Z 方向的刀长补偿值。

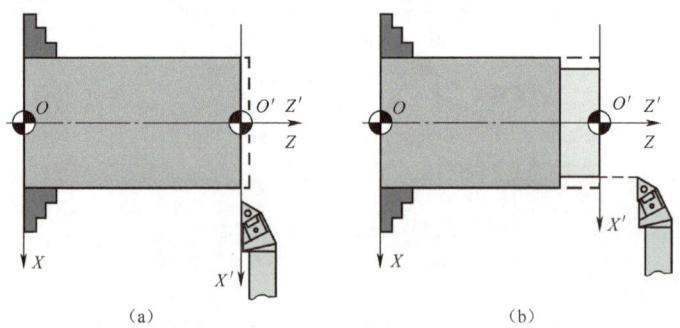

图 1-9 对刀操作示意图

（6）车外圆，保持 X 方向不动将车刀沿+Z 方向退刀，如图 1-9（b）所示。

（7）停车，用千分尺测量出所车外圆的直径**.**。建立刀具补偿的界面如图 1-10 所示。

刀具补正 / 形状		O0002	N00010	
番号	X	Z	R	T
G 001	160.000	104.167	0.000	0
G 002	0.000	0.000	0.000	0
G 003	0.000	0.000	0.000	0
G 004	0.000	0.000	0.000	0
G 005	0.000	0.000	0.000	0
G 006	0.000	0.000	0.000	0
G 007	0.000	0.000	0.000	0
G 008	0.000	0.000	0.000	0

现在位置（相对坐标）
U　217.992　　W　295.210

＞_
JOG *** ***　　　　　　10:15:45
[磨耗] [形状] [　] [　] [操作]

图 1-10 建立刀具补偿的界面

(8)沿路径"OFS/SET/补正/形状"打开刀长补偿的设置界面,将光标移动至番号 G001# 的 X 坐标处,键入"X**.**",再按下软键"测量",在光标所在的位置显示出 X 方向的刀长补偿值。

(9)1#刀对刀完成。

2. 对 2#刀进行对刀操作,建立 2#刀的刀长补偿

(1)首先对 1#刀位的粗车刀对刀,设定工件坐标系并建立 1#刀的刀长补偿。

(2)将机床置于手动模式,开启主轴,将 2#精车刀置于当前刀位,并使 2#刀靠近工件。

(3)将机床置于手摇模式,将 2#精车刀碰工件的右端面,如图 1-11(a)所示。

(4)在"OFS/SET/补正/形状"中将光标移动到番号 2#的 Z 坐标处,键入"Z0",按下软键"测量",则光标所在的位置显示出精车刀的 Z 方向的刀长补偿值,如图 1-12 所示。

(5)将机床置于手摇模式,将 2#精车刀碰工件的外圆柱面,如图 1-11(b)所示。

图 1-11 精车刀的对刀

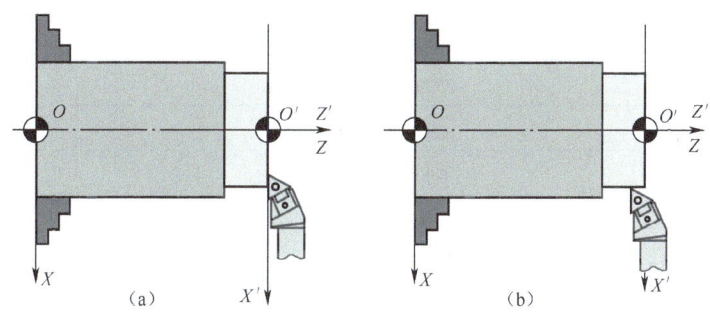

图 1-12 精车刀的对刀界面

(6)在"OFS/SET/补正/形状"中将光标移动到番号 002#的 X 坐标处,键入"X**.**",

按下软键"测量",在光标所在的位置显示出精车刀的 X 方向的刀长补偿值。

(7) 2#精车刀对刀完成。

三、编写并输入程序

将机床置于编辑模式,在编辑模式输入并编辑程序。参考程序(毛坯ϕ40×60)如表 1-2 所示。

表 1-2 数控实训工件二的参考程序

程序名		O0002	
程序内容	程序段号	程 序	说 明
	N10	G54;	设置坐标偏移
	N20	T0101;	换刀,调用刀补
	N30	M42;	变换挡位
	N40	S400 M03;	开启主轴
	N50	G00 X40.0 Z2.0;	快速定位
	N60	G90 X36.0 Z-20.0 F0.25;	粗车第一刀
	N70	G90 X32.0 Z-20.0 F0.25;	粗车第二刀
	N80	G90 X30.5 Z-20.0 F0.25;	粗车第三刀
	N90	G00 X80.0 Z100.0;	返回至换刀点
	N100	M00;	暂停,进行测量
	N110	T0202;	换刀,调用刀补
	N120	S600 M03;	开启主轴
	N130	G00 X40.0 Z2.0;	快速定位
	N140	G00 X30.0 F0.1;	进刀
	N150	G01 Z-20.0;	精车一刀
	N160	X40.0;	退刀
	N170	G00 X80.0 Z100.0;	返回至换刀点
程序结束	N180	M30;	程序结束

四、加工工件并检测

(1) 将 G54 中 X 的预置值设置为 0.5,如图 1-13 所示。

(2) 将机床置于自动运行模式,调出要加工的程序并将光标移动至程序的开始。

(3) 按下"单步"按钮,将倍率调整旋钮置于 10%。

(4) 按下"循环启动"按钮。

(5) 加工过程中,用眼睛观察刀尖运动轨迹,左手控制倍率调整旋钮,右手控制循环启动和进给保持按钮。

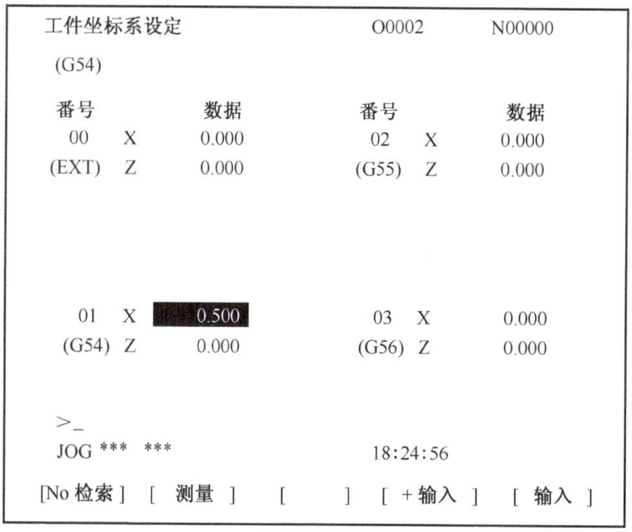

```
工件坐标系设定              O0002    N00000
(G54)
         番号      数据              番号      数据
          00   X   0.000            02   X   0.000
         (EXT) Z   0.000           (G55) Z   0.000



          01   X   0.500            03   X   0.000
         (G54) Z   0.000           (G56) Z   0.000


>_
JOG *** ***                      18:24:56
[No 检索]   [ 测量 ]   [      ]   [ +输入 ]   [ 输入 ]
```

图 1-13　工件坐标系设置界面

（6）程序执行到 M00 时，若加工为金属件需要冷却一段时间后，测量外径。

（7）继续按下"循环启动"按钮，执行精车程序进行半精车。

（8）半精车结束，测量外圆的直径，将实测的外径同"图纸尺寸+0.5mm"进行比较，将比较误差取相反数后作为 G54 中 X 的修正值，输入到 G54 的 X 预置值中，如图 1-14 所示。

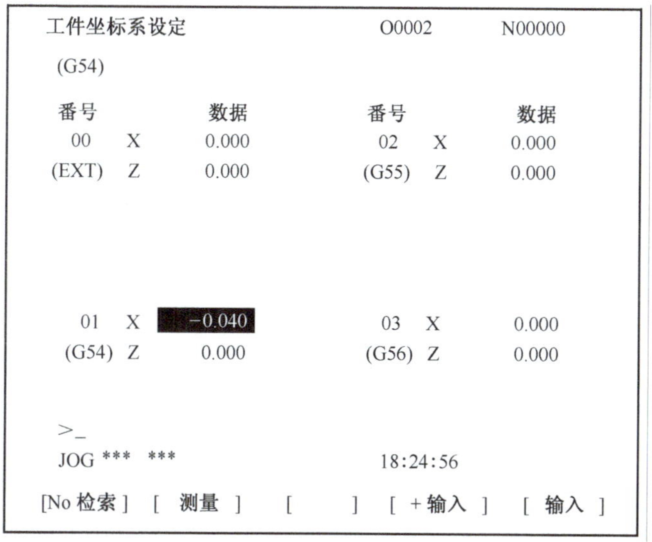

```
工件坐标系设定              O0002    N00000
(G54)
         番号      数据              番号      数据
          00   X   0.000            02   X   0.000
         (EXT) Z   0.000           (G55) Z   0.000



          01   X  -0.040            03   X   0.000
         (G54) Z   0.000           (G56) Z   0.000


>_
JOG *** ***                      18:24:56
[No 检索]   [ 测量 ]   [      ]   [ +输入 ]   [ 输入 ]
```

图 1-14　工件坐标系设置界面

（9）在编辑模式将光标调整到精车程序的开始（M00 段）。

（10）再次将机床置于自动运行模式，取消"单步"按钮，将倍率调整旋钮置于 100%，按下"循环启动"按钮，进行精车。

项目基本知识

【知识链接一】程序的结构

一个完整的程序由程序名、程序内容和程序结束 3 部分组成，如表 1-3 所示。

表 1-3 程序的结构

程 序 名		O0001	
	程序段号	程序内容	说　明
程序内容	N10	T0101；	换刀，调用刀补
	N20	M42；	变换挡位
	N30	S400 M03；	开启主轴
	N40	G00 X40.0 Z2.0；	快速定位
	N50	X36.0；	进刀
	N60	G01 Z−20.0 F0.25；	车削外圆
	N70	X40.0；	退刀
	/N80	G00 Z2.0；	返回
	N90	G00 X80.0 Z100.0；	返回至换刀点
程序结束	N100	M30；	程序结束

1. 程序名

O****：FANUC 系统中程序名的地址码为 O，数字由 1～9999 范围内的任意数字组成，用户仅能使用 8000（不含）以前的数字。有的系统用 P 或%为程序名的地址码。

2. 程序内容

程序内容主要用于控制数控机床自动完成零件的加工，是整个程序的主要部分。它由若干程序段组成。每个程序段由若干字组成，每个字由地址码和若干数字组成。每个字的含义如表 1-4 所示。与上一个程序段相同，且具有续效性的字可以省略不写。

程序段格式：N__G__X__Z__F__S__T__M__；

表 1-4 程序段内各字的说明

字	说　明
N	程序段号 N00001～N99999
G	准备功能，是控制数控机床进行操作的指令
X（U）Z（W）	尺寸字由地址码、"+"、"−"号及绝对值或相对值构成
F	刀具刀位点运动的进给量，单位为 mm/min 或 mm/r
S	主轴转速功能，单位为 r/min
T	刀具功能，用于选择加工所使用的刀具及调用相应的刀补
M	辅助功能，表示一些机床的辅助动作
；	程序段结束符

（1）F 功能

进给功能通常有两种形式：一种是刀具每分钟的进给量，单位是 mm/min；另一种是主轴每转的进给量，单位是 mm/r，如图 1-15 所示。在 FANUC 0i Mate-TC 系统 A 代码中，通过 G98 指令设定机床为每分钟进给，通过 G99 指令设定机床为每转进给。数控车床出厂设置时，一般 G99 为默认的开机模态有效指令，例如 F0.25 表示每转进给 0.25mm。如果刀具沿斜线进给时，沿 X 和 Z 方向的实际进给速度是刀具进给量 F 在 X 和 Z 方向的矢量分量。

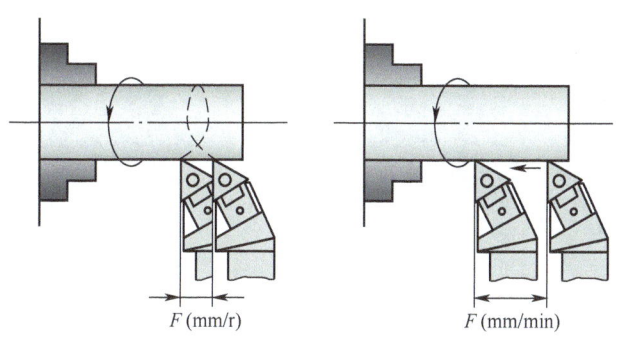

图 1-15 轴向进给时的示意图

借助机床控制面板上的倍率旋钮或倍率按键，F 可在一定范围内进行倍率修调，其关系表达式为：

实际进给速度=F 指定进给速度×进给倍率修调值

当执行螺纹切削循环时，倍率开关无效，进给倍率固定为 100%。

（2）S 功能

主轴转速功能用于设定主轴的转速，单位是 r/min。对于配有变频器的数控车床，主轴转速可以直接用速度值规定。例如，S400 表示主轴转速为 400r/min。经济型数控车床不具有 S 功能，主轴转速调整同普通车床。使用双速电动机驱动的主轴转速设定可参考使用说明书。

（3）T 功能

刀具功能一方面用于更换当前刀具，另一方面也调用相应刀具的几何补偿值，构建工件坐标系。

T0101 表示选择 1#刀具，调用番号 001 的几何补偿值。T0101 中的前面两位为要调用刀具的刀具号，后两位为该刀具对应的几何补偿寄存器号，在该寄存器中已经通过对刀存入了刀具长度的几何补偿值。如果刀具几何补偿和磨耗补偿同时设定时，补偿量为二者之和。磨耗补偿常用于批量生产过程中刀具出现磨损进行的校正。

使用 T 指令构建工件坐标系适合于多把刀具综合加工的车削加工场合，它可为每把刀具通过刀偏设置的方式预存每把刀具的绝对刀偏来构建工件坐标系。所谓绝对刀偏，就是以每把刀具在返回参考点时其刀尖所在的位置为机床坐标原点，当刀具的刀位点与工件零点重合时的坐标偏置值。由于装夹刀具后各刀具长短不同，即使各刀尖指向工件上同一点时，显示的坐标值也不尽相同，因此即使同一工件坐标系，每把刀具的刀偏一般也不相同。但通过对刀操作，测量出各个刀具的绝对刀偏输入到相应的几何补偿寄存器中，当程序执行 T 指令时，调用该刀的绝对刀偏就可创建出该刀具对应的工件坐标系。

T0100 表示选择 1#刀具，取消几何补偿，恢复为机床坐标系。

数控车床的车刀常安装到回转刀架上，回转刀架有方刀架和转塔式刀架两种。4 刀位的方刀架如图 1-16 所示，其转位动作灵活、重复定位精度高、夹紧力大，但工艺范围小，使用于经济性数控车床。图 1-17 为多刀位转塔式刀架，其刀位数有 6 刀位、8 刀位和 12 刀位等，装刀数量多，加工范围广，在数控车床中得到广泛使用。

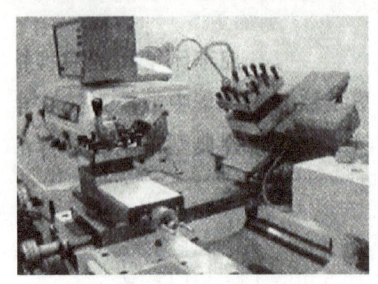
图 1-16　4 刀位方刀架

图 1-17　多刀位转塔式刀架

（4）M 辅助功能

辅助功能是用于指定主轴启停、正反转、冷却液的开关等。辅助功能由指令地址符 M 和后面的两位数字组成。常用 M 指令见表 1-5 所示。

表 1-5　常用的辅助代码 M

M 代码	功　　能	M 代码	功　　能
M00	程序暂停，便于测量或清除铁屑	M09	切削液关
M01	程序有条件停止	M30	程序结束并返回起点
M02	程序结束	M40	变换挡位，空挡位
M03	主轴正转	M41	变换挡位，低速挡位
M04	主轴反转	M42	变换挡位，中速挡位
M05	主轴停止	M43	变换挡位，高速挡位
M07	2#切削液（雾状）开	M98	子程序调用
M08	切削液开	M99	子程序返回

3．程序结束

M02：程序结束，主轴停止，进给停止，冷却液关闭。

M30：程序结束，主轴停止，进给停止，冷却液关闭，返回程序起点。

【知识链接二】基本指令 G00 和 G01

1．快速定位指令 G00

指令格式：G00 X（U）___Z（W）___；

说明：

a．X、Z 为刀位点移动的目标点的绝对坐标。

b．G00 指令用于刀具快速定位。

c．G00 指令的进给速度由系统参数 1420 决定。

d．G00 指令使刀具移动的轨迹因系统参数设置不同（即 X、Z 方向快速进给速度不同）而不同，因此使用 G00 指令时要注意刀具不能和零件、夹具发生碰撞。如图 1-18 所示是在 G00 指令下刀具的运动轨迹。

2．直线插补指令 G01

指令格式：G01 X（U）___Z（W）___ F___；

说明：

a．X、Z 为刀位点移动的终点的绝对坐标；

b．U、W 为目标点相对于当前点的增量坐标；

c．G01 指令用于端面、内圆、外圆、槽、倒角、圆锥面等表面的加工，如图 1-19 所示。

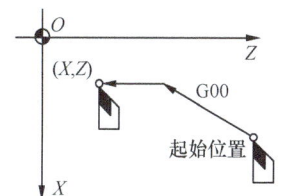
图 1-18　G00 指令下刀具的运动轨迹

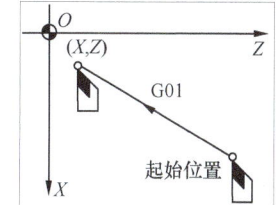
图 1-19　G01 指令下刀具的运动轨迹

d．G01 指令的进给速度由 F 决定，根据切削要求确定；

e．G01 与 G00 指令均属同组模态代码。

【知识链接三】循环指令 G90、G94 和 G96

1．单一固定循环指令 G90

指令格式 1：G90 X（U）___Z（W）___F___。

单一固定循环 G90 指令用一个程序段完成了 4 个加工动作，如图 1-20 所示。

① 快速进刀（相当于 G00 指令）；　② 车削进给（相当于 G01 指令）；

③ 退刀（相当于 G01 指令）；　　　④ 快速返回（相当于 G00 指令）。

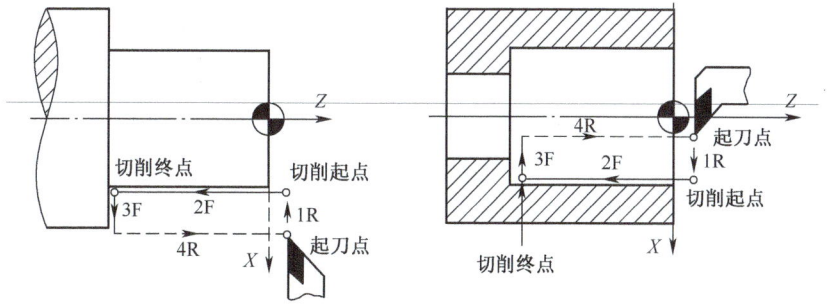
图 1-20　外圆切削循环

说明：

a．X、Z 为切削运动终点的绝对坐标；U、W 为车削终点相对于起刀点的增量。

b．用于外圆柱面和内孔面毛坯余量较大的轴类零件的加工。

c．刀位点完成一个固定循环后回到起刀点（循环起点）。

指令格式2：G90 X（U）__Z（W）___R___F___；（G90 锥形切削循环）

锥形切削循环 G90 指令用一个程序段完成了 4 个加工动作，如图 1-21 所示。

① 快速进刀（相当于 G00 指令）；　　② 车削进给（相当于 G01 指令）；

③ 退刀（相当于 G01 指令）；　　　　④ 快速返回（相当于 G00 指令）。

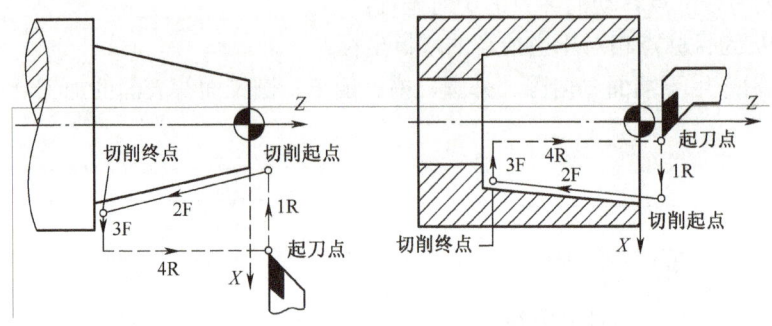

图 1-21　锥形切削循环

说明：R 为车圆锥时切削起点相对于切削终点的半径差，即 $R=(X_起-X_终)/2$，对外圆锥面而言，$R<0$ 时为正锥；$R>0$ 时为倒锥，如图 1-22 所示。

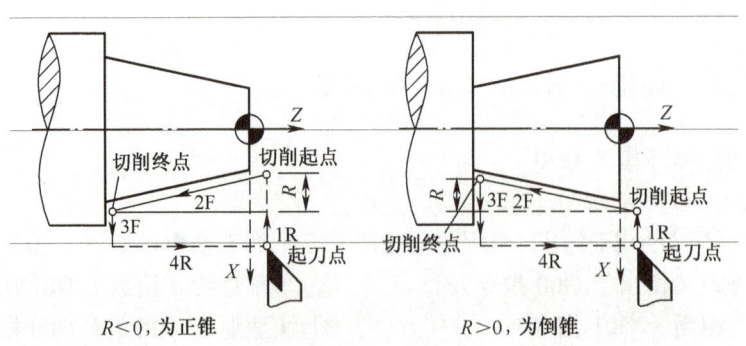

$R<0$，为正锥　　　　　　　　　　　$R>0$，为倒锥

图 1-22　锥面切削循环

2．端面车削循环指令 G94

指令格式1：G94 X（U）____ Z（W）____ F____（端面车削循环）；

G94 指令用一个程序段完成了 4 个加工动作：

① 快速进刀（相当于 G00 指令）；　　② 车削进给（相当于 G01 指令）；

③ 退刀（相当于 G01 指令）；　　　　④ 快速返回（相当于 G00 指令）。

刀具路径如图 1-23 所示。

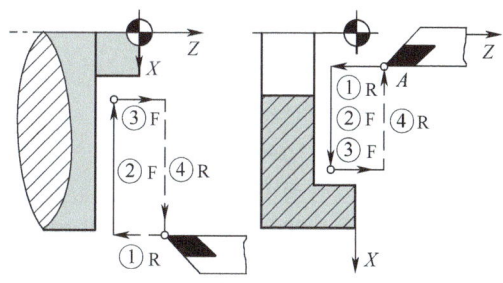

图 1-23 端面车削循环

说明：

a．X、Z 为刀位点切削运动的终点的绝对坐标，U、W 为车削终点相对于起刀点的增量。

b．用于外圆柱面和内孔柱面毛坯余量较大的盘类零件粗车。

c．刀位点完成一个固定循环后回到起刀点 A。

指令格式 2：G94 X（U）＿＿＿ Z（W）＿＿＿ R＿＿＿ F＿＿＿（锥形车削循环）；

G94 指令用一个程序段完成了 4 个加工动作：

① 快速进刀（相当于 G00 指令）；　　② 车削进给（相当于 G01 指令）；

③ 退刀（相当于 G01 指令）；　　　　④ 快速返回（相当于 G00 指令）。

刀具路径如图 1-24 所示。

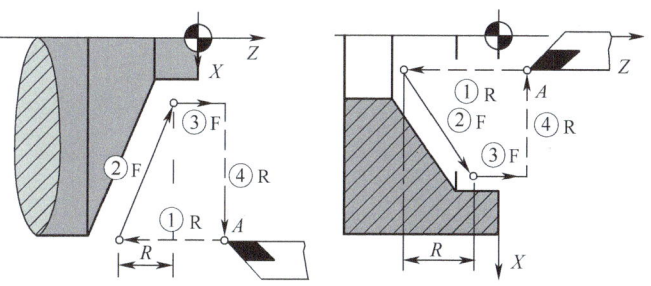

图 1-24 锥形车削循环

说明：

a．X、Z 为刀位点切削运动的终点的绝对坐标，U、W 为车削终点相对于起刀点的增量。

b．用于外圆锥面和内孔锥面毛坯余量较大的盘类零件粗车。

c．刀位点完成一个固定循环后回到起刀点 A。

d．R 为端面切削始点至终点位移在 Z 轴方向上的增量，即 $R=Z_起-Z_终$。

3．主轴转速恒线速度控制指令 G96

在盘类工件中，由于盘的边沿与中心的直径相差甚大，在切削速度一定时，主轴的转速相差悬殊。

假定切削速度 v=100m/min。

$n_1=1000v/\pi d_1=1000\times100/（3.14\times300）=106$r/min；

$n_2=1000v/\pi d_2=1000\times100/$（$3.14\times60$）$=530$r/min；

$n_3=1000v/\pi d_3=1000\times100/$（$3.14\times20$）$=1590$r/min；

$n_4=1000v/\pi d_4=1000\times100/$（$3.14\times10$）$=3180$r/min；

$n_5=1000v/\pi d_5=1000\times100/$（$3.14\times5$）$=6360$r/min。

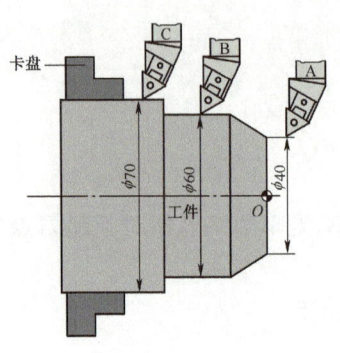

图 1-25 恒线速度车削

带有变频器的 CNC 数控车床具有恒线速度切削的功能，如图 1-25 所示。随着工件直径发生变化，CNC 能自动改变主轴转速，从而使切削速度保持恒定，这一功能叫恒线速度切削控制功能，单位为 m/min。G96 为主轴转速恒线速度控制，G97 为主轴转速恒线速度取消，G50 为最高主轴转速嵌制。

恒线速度切削功能使加工的工件在不同的直径上的粗糙度基本一致，且具有恒转矩切削的特性，但是当刀尖接近回转轴线时，主轴的转速过高，容易造成车床损坏或人身伤害，必须限制主轴的转速，以保证车床和人身安全。FANUC 系统通过 G50 使刀尖接近回转轴线时嵌位于某一转速。

例如：G50 S2000　单位 r/min，表示最高主轴限制为 2000r/min；

G96 S100　单位 m/min，表示切削点线速度控制位 100m/min；

G97 S500　单位 r/min，表示取消恒线速度控制，主轴的转速设定为 500 r/min。

在使用中，首先设定主轴最高转速，然后再使用恒线速度车削功能，最后要取消恒线速度车削功能并指定一个主轴转速。

【知识链接四】坐标系

1. 直角笛卡儿坐标系

（1）二维坐标系：又称平面直角笛卡儿坐标系，即由位于同一个平面内的两个相互垂直的坐标轴 X、Y 构成的坐标系，如图 1-26 所示。常见于绘制的零件图中。

（2）三维坐标系：三维笛卡儿坐标系是在二维笛卡儿坐标系的基础上根据右手定则增加第三维坐标轴（该处为 Z 轴）而形成的坐标系。三维坐标系确定了空间中各个基点或节点的位置，如图 1-27 所示。

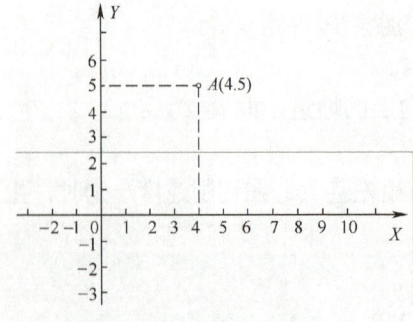

图 1-26 二维笛卡儿坐标系

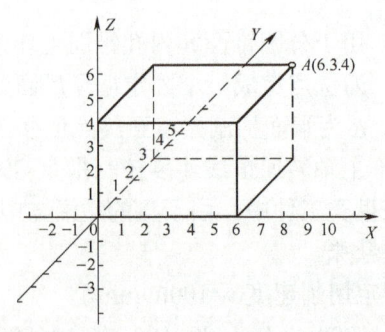

图 1-27 三维笛卡儿坐标系

2. 机床坐标系

在数控车床上加工零件，车床的动作是由数控系统发出的指令来控制的。为了确定车床上车刀的运动方向和移动距离，就要在车床上建立一个坐标系，这个坐标系就叫做机床坐标系。

机床坐标系采用右手笛卡儿直角坐标系，如图 1-28 所示。伸出右手的大拇指、食指和中指，并互为 90°，则大拇指代表 X 坐标轴，食指代表 Y 坐标轴，中指代表 Z 坐标轴。大拇指、食指和中指的指向分别为 X、Y 和 Z 坐标的正方向。数控编程依据刀具相对于静止的工件而运动的原则，以产生切削力的轴线为 Z 坐标轴，且以刀具远离工件的方向为正。因此卧式数控车床横向进给的方向为 Z 方向，其正向指向尾座；纵向进给的方向为 X 方向，其正向由回转中心指向工件外部。根据右手笛卡儿直角坐标系，不难确定 Y 轴的正方向，如图 1-29 所示。当机床为前置刀架时，机床坐标系如图 1-30 所示；当机床为后置刀架时，机床坐标系如图 1-31 所示，X 轴的方向在工件的径向上。根据右手螺旋定则，可以判断出旋转坐标 A、B 和 C 的方向，使用于车削加工中心上。

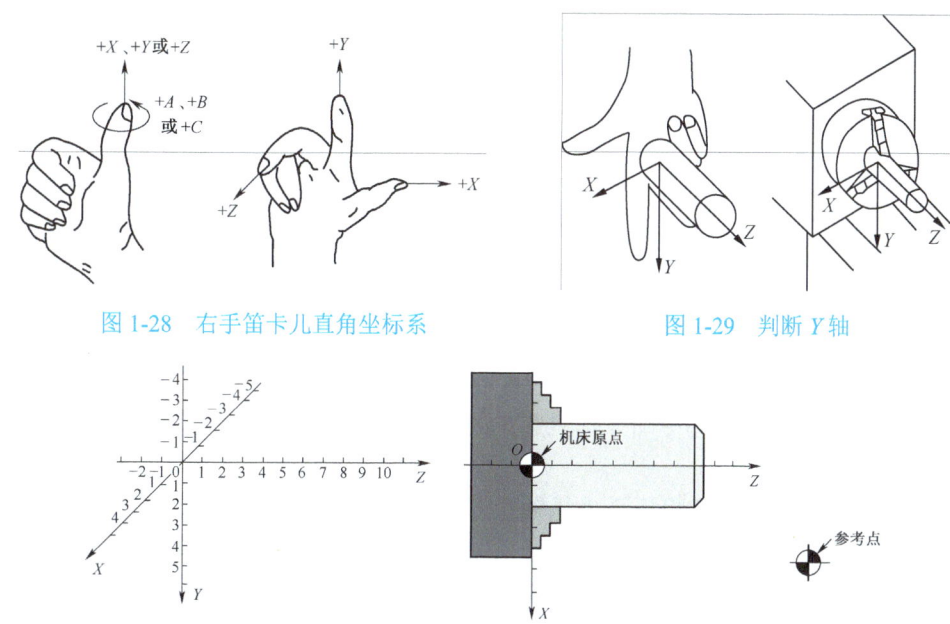

图 1-28　右手笛卡儿直角坐标系　　　　图 1-29　判断 Y 轴

图 1-30　前置刀架时的机床坐标系

机床原点是数控车床进行加工的基准点，在机床制造厂产品出厂时已定，一般不允许随意变动。它不仅是建立工件坐标系的基准点，而且还是机床调试和加工时的基准点。大多数控车床将卡盘后端面圆心或参考点设定为机床坐标系的原点，还有一些车床将原点设在刀架位移的正向最大行程处。对于没有带有绝对位置编码器的数控车床而言，机床在通电后，返回参考点之前，CRT 上显示的是上次关机时的工作坐标值，因此开机时必须先确定机床原点。确定机床原点的方法是：移动刀架返回参考点。机床参考点被确认后就建立了机床坐标系。如果机床坐标系的原点和参考点一致（X0，Z0），就称为"回零"。回参考点的步骤：

(1) 先检查一下各轴是否在参考点的内侧,否则,回参考点时将产生超程。
(2) 选择操作面板上的旋钮或按钮置于"回参考点"或"回零"工作方式。
(3) 分别按+X和+Z轴移动方向按键,使各轴返回参考点。
回参考点后,相应的指示灯点亮。

3．工件坐标系

工件坐标系又叫编程坐标系,是为了编程,在图纸上适当位置选定一个编程原点而建立的坐标系,如图1-32所示。工件坐标系的坐标轴的方向与机床坐标系一致并且与之有确定的尺寸关系。工件坐标系的原点叫工件零点或程序原点。

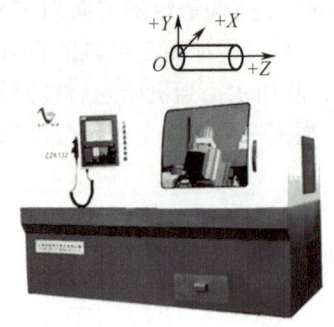

图1-31 后置刀架时的机床坐标系   图1-32 编程坐标系

工件坐标系的原点一般设在工件图样的基准上,设在尺寸精度高、表面粗糙度低的工件表面上,设在工件的对称中心线上。一般情况下,车刀是从右端向左端车削,因此,将工件原点设在工件右端面比左端面换算尺寸更方便。图1-32中将其设在右端面与主轴回转中心的交点上,以机床主轴线方向为Z轴的方向,以位于水平面垂直于零件旋转轴线的方向为X轴的方向,坐标轴的方向以刀具远离工件的方向为正。工件坐标系是在执行"G50 X_ Z_;"后,或执行"T**"指令后才建立起来的,工件坐标系一旦建立便一直有效,直到被新的工件坐标系所取代。

由于机床坐标系和工件坐标系坐标轴的方向都是统一的,因此,确定工件坐标系其实就是确定工件坐标系坐标原点在机床坐标系中的位置。工件坐标系的原点确定之后,图纸中各个基点、节点的坐标数值也唯一地被确定下来。所谓基点即直线、圆弧、二次曲线等各元素之间的连接点。节点是被加工工件的轮廓形状与车床的插补功能不一致时,用直线或圆弧去逼近被加工曲线而绘出的逼近线段与被加工曲线的交点。基点和节点坐标是编程中的重要数据。

4．刀位点、对刀点和对刀

刀位点是在程序编制中表示刀具位置的点,是对刀和加工的基准点。在一个程序中每把刀的刀位点通常仅用一个,有时也可以使用多个,如图1-33所示。在加工程序执行前,调整每把刀的刀位点,使其尽量重合于某一理想的基准点(该基准点即对刀点),这一过程称为对刀,如图1-34所示。对刀点可以设在零件上、夹具上或机床上。对刀是数控加工中的重要操作,通过对刀操作可以确定程序原点在机床坐标系中的位置;同时也测量出了刀位点在机床坐标系中的位置。当加工一个工件需要使用多把刀具时,对刀点的位置一般不变,而将不同刀具的刀位点重合到对刀点上,测量出每一把刀具的刀具几何补偿值,存储到相应刀具的几何补偿寄存器里。在加工时，利用程序中的刀具指令 T 就可以调出该刀具的几何补偿值，在刀具轨迹中自动补偿刀位位置的偏差了。常用的对刀方法有试切对刀、机械对刀仪对刀和光学对刀仪对刀等。

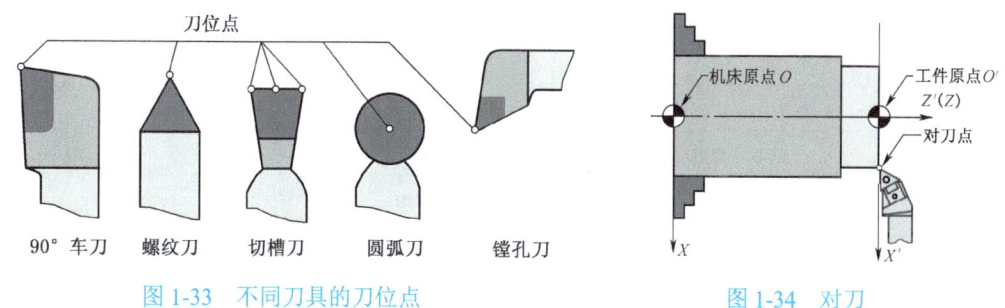

图 1-33　不同刀具的刀位点　　　　　图 1-34　对刀

【知识链接五】切削用量的选择

1. 背吃刀量

背吃刀量（切削深度 a_p）：零件上已加工表面与待加工表面之间的垂直距离。粗加工时，应在条件允许的情况下尽可能采用较大背吃刀量，快速去除加工余量，减少走刀次数，提高生产效率；精加工时应选择较小的背吃刀量（最后一刀不得小于 0.1mm），以保证加工精度及表面粗糙度。

2. 进给量和进给速度

进给量 f（mm/r）和进给速度 F（mm/min）是数控机床切削用量中的重要参数，主要根据零件的加工精度和表面粗糙度要求以及刀具、工件材料性质等选取：粗加工时在保证刀杆、刀具、车床、零件刚度的前提下，应采用较大进给量；精加工时当表面粗糙度要求较高时，可选用较小的进给量。

3. 主轴转速

主轴转速 n：主轴转速的选择，应保证刀具的耐用度和切削负荷不超过车床的额定功率。粗加工时，背吃刀量和进给量都较大，应选用较低的切削速度；精加工时采用较高的切削速度。主轴转速要根据允许的切削速度来选择。

主轴转速由切削速度来决定：$n=1000v/\pi d$。

其中，d —— 零件直径，单位 mm；

　　　n —— 主轴转速，单位 r/min；

　　　v —— 切削速度，单位 m/min，45#钢一般可取 80～100 m/min。

切削用量的具体数值可参阅机床说明书、切削用量手册，并结合实际经验而确定。在实习中可参考表 1-6 所示的切削用量。

表 1-6　常用的切削用量

零件材料	加工方式	背吃刀量 a_p(mm)	切削速度 v(m/min)	进给量 f(mm/r)	刀具材料
碳素钢	粗加工	5～7	60～80	0.2～0.4	YT 类
	粗加工	2～3	80～120	0.2～0.4	

续表

零件材料	加工方式	背吃刀量 a_p(mm)	切削速度 v(m/min)	进给量 f(mm/r)	刀具材料
碳素钢	精加工	0.2~0.3	120~150	0.1~0.2	W18Cr4V
	车螺纹		70~100	导程	
	钻中心孔		500~800r/min		
	钻孔		~30	0.1~0.2	
	切断（宽度<5mm）		70~110	0.1~0.2	YT 类
合金钢	粗加工	2~3	50~80	0.2~0.4	YT 类
	精加工	0.1~0.15	60~100	0.1~0.2	
	切断（宽度<5mm）		40~70	0.1~0.2	
铸铁	粗加工	2~3	50~70	0.2~0.4	YG 类
	精加工	0.1~0.15	70~100	0.1~0.2	
	切断（宽度<5mm）		50~70	0.1~0.2	
铝 200HBS 以下	粗加工	2~3	600~1000	0.2~0.4	YG 类
	精加工	0.2~0.3	800~1200	0.1~0.2	
	切断（宽度<5mm）		600~1000	0.1~0.2	
黄铜	粗加工	2~4	400~500	0.2~0.4	YG 类
	精加工	0.1~0.15	450~600	0.1~0.2	
	切断（宽度<5mm）		400~500	0.1~0.2	

【知识链接六】绝对值、增量值和混合值编程

1．绝对值编程

在刀具运动的过程中，刀具的位置坐标以程序原点为基准标注或计算，这种坐标值称为绝对坐标。用绝对坐标（X，Z）表示。

2．增量值编程

在刀具运动的过程中，刀具的位置坐标以上一个位置到当前位置之间的增量来表示，这种坐标值称为增量坐标。用增量坐标（U，W）表示。

$$U = X_{终} - X_{始}, \quad W = Z_{终} - Z_{始}$$

3．混合编程

在 FANUC 系统中支持绝对值（X、Y、Z）和增量值（U、V、W）编程，如果两种方式同时存在，称为混合编程。

例如：在图 1-35 中刀位点从 A→B→C→D 车削过程中分别写出绝对值编程、增量值编程和混合编程（见表 1-7）。

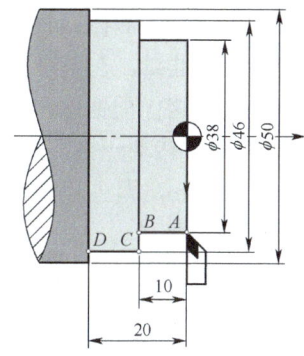

图 1-35　增量值编程和混合编程实例

表 1-7　绝对值编程、增量值编程和混合编程

走 刀 路 径	绝对值编程	增量值编程	混 合 编 程
A→B	G01 X38.0 Z-10.0 F0.25;	G01 U0.0 W-10.0 F0.25;	G01 X38.0 W-10.0 F0.25;
B→C	G01 X46.0 Z-10.0 F0.25;	G01 U8.0 W0.0 F0.25;	G01 U8.0 Z-10.0 F0.25;
C→D	G01 X46.0 Z-20.0 F0.25;	G01 U0.0 W-10.0 F0.25;	G01 X46.0 W-10.0 F0.25;

【知识链接七】游标卡尺和外径千分尺的使用

1. 游标卡尺的使用

游标卡尺是可用来测量外径、孔径、长度、深度以及沟槽宽度等的测量工具。其分度值有 0.02mm、0.05mm 和 0.1mm 等。图 1-36 为使用游标卡尺测量尺寸,其分度值为 0.02mm。它由尺身（主尺）和游标（副尺）组成,松开锁紧螺钉,移动游标,活动量爪随之移动。

读数的步骤如下:

（1）首先读出游标"0 刻度线"在主尺上对应的毫米整数值。

（2）然后读出游标上的毫米小数值,看主尺上哪一条刻度线与游标上的刻度线对齐,则游标上的小数值为游标的格数与分度值的乘积。

（3）实际读数=主尺上整数值+副尺上的小数值。

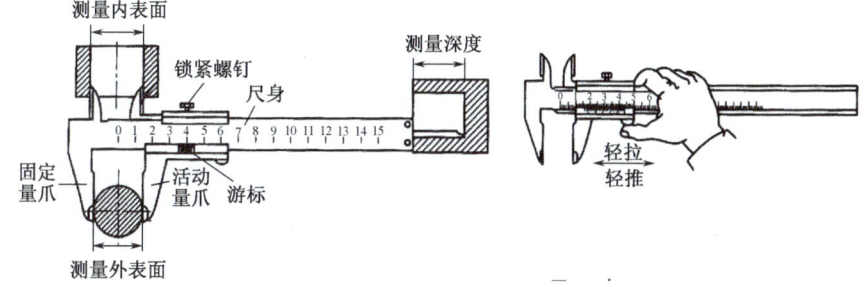

图 1-36　使用游标卡尺测量尺寸

2. 外径千分尺的使用

外径千分尺是生产测量中常用的精密测量工具,分度值为 0.01mm,其外径和结构如图

1-37 所示。它由尺架、活动套筒、固定量杆、测微量杆、锁紧手柄和测力装置等组成。在千分尺的固定套筒中间刻有一条读数的基准线，在基准线的上下两侧，刻有两排刻线，每排刻线间距 1mm，上下两排错开 0.5mm，这样根据这两排刻度就可以很直观地读出毫米数和半毫米数。活动套筒圆周平分为 50 格，转动一格，测微量杆轴间移动 0.01mm，当活动套筒转动一周时，测微量杆轴向移动 0.5mm，即主尺的半格。

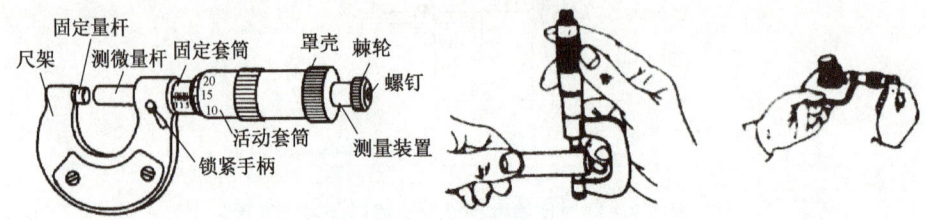

图 1-37　使用千分尺测量尺寸

使用千分尺测量，手握千分尺的尺架，先转动活动套筒，当测量面接近工件时，转动测力装置，棘轮发出嗒嗒响声后，即可读出尺寸值。

读数的步骤如下：
（1）读出活动套筒左边缘在固定套筒上所在位置的毫米数或半毫米数。
（2）读出小数部分的数值，找到与固定套筒基准线对齐的活动套筒的格数，将该格数与 0.01 的乘积记录下来。
（3）实际读数=主尺上整数值+副尺上的小数值。

项目综合训练

【综合训练一】车削阶梯轴工件

毛坯为 $\phi50$mm 的塑料棒，试车削成如图 1-38 所示长阶梯轴零件。

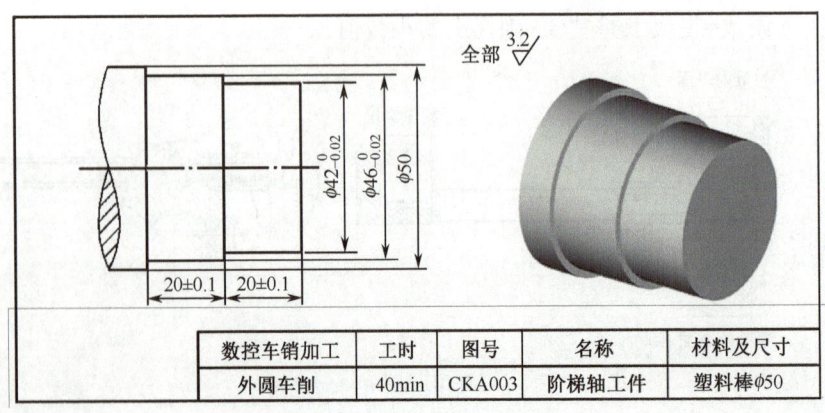

图 1-38　阶梯轴工件加工

一、分析加工工艺

零件轮廓为长轴阶梯轴,但有相应的尺寸公差要求,无热处理和硬度要求。装夹时用三爪自定心卡盘夹紧定位,工件零点设在右端面的圆心,加工起点设在毛坯直径处且离开工件右端面2mm,换刀点设在距工件零点X方向+80.0mm,Z方向+100.0mm处。

由于工件属于长轴工件,采用轴向切削。为达到图纸要求的尺寸精度和表面粗糙度,本着先粗后精的原则,首先选择1#粗车刀,使用G90指令进行粗车。粗车时X方向留有0.5mm、Z方向留有0.1mm的精车余量。粗车时为提高加工效率,被吃刀量在机床和刀具刚性允许的范围内可选择较大一些例如:a_p=2mm。主轴转速根据公式计算 $n=1000v/\pi d=1000\times 80/(3.14\times 50)=509$r/min。进给速度根据刀具材料也可选择较大一些,例如:f=2.5mm。

然后,在换刀点换2#精车刀进行精车。精车时为了减小表面粗糙度数值,主轴转速应较高而进给量取较小。被吃刀量根据精车余量确定,一般不要小于0.1mm。例如:a_p=0.25mm。主轴转速根据公式计算 $n=1000v/\pi d=1000\times 100/(3.14\times 50)=636$r/min。进给速度选择较小一些,例如:$f$=0.1mm。走刀路线如图1-39所示。起刀点、换刀点和基点的坐标如表1-8所示。

表1-8 起刀点、换刀点和基点的坐标

基 点	X坐标值	Z坐标值	基 点	X坐标值	Z坐标值
工件原点O	0	0	E	41.99	2.0
换刀点A	80.0	100.0	F	41.99	−20.0
起刀点B	50.0	2.0	G	45.99	−20.0
切削终点C	46.5	−39.9	H	45.99	−40.0
切削终点D	42.5	−19.9	I	50.0	−40.0

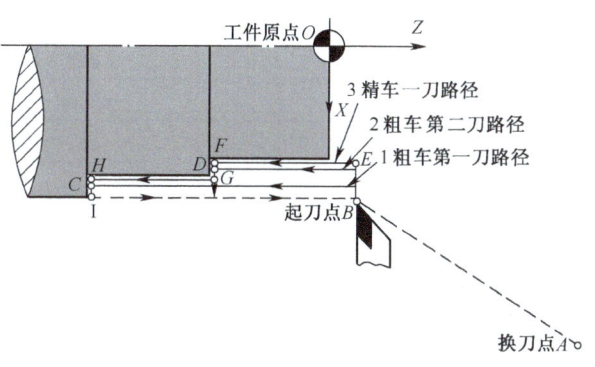

图1-39 走刀路线

二、编写加工技术文件

1. 工序卡(工序卡见表1-9)

表1-9 阶梯轴工件的工序卡

材　料	塑料棒	产品名称或代号		零件名称		零件图号	
		CKA003		阶梯轴工件		CKA003	
工序号	程序编号	夹具名称		使用设备		车　间	
001	O0003	三爪自定心卡盘		CAK5085		数控实习车间	
工步号	工步内容	刀具号	刀具规格 $b×h$(mm×mm)	主轴转速 n(r/min)	进给量 f(mm/r)	背吃刀量 a_p(mm)	备注
1	粗车外圆	T01	25×25	500	0.25	2	
2	精车外圆	T02	25×25	600	0.1	0.25	
编制		批准		日期		共1页	第1页

2．刀具卡（刀具卡见表1-10）

表1-10 阶梯轴工件的刀具卡

产品名称或代号		CKA003		零件名称	阶梯轴工件工件	零件图号	CKA003
序号	刀具号	刀具名称		数量	加工表面	刀尖半径 R（mm）	刀尖方位 T	备注
1	T01	90°硬质合金		1	粗车外圆			粗车刀
2	T02	90°硬质合金		1	精车外圆			精车刀
编制		批准			日期		共1页	第1页

3．编写程序（毛坯 $\phi50×80$，参考程序见表1-11）

表1-11 阶梯轴工件的参考程序

程序号：O0003		
程序段号	程序内容	说　明
N10	G54 G99;	设置坐标偏移、工作环境
N20	T0101;	换1#粗车刀，调1#刀补
N30	M42;	变换挡位
N40	S500 M03;	开启主轴
N50	G00 X50.0 Z2.0 M08;	快速定位至起刀点 B，打开冷却液
N60	G90 X46.5 Z-39.9 F0.25;	车削第一刀
N70	X42.5 Z-19.9;	车削第二刀
N80	G00 X80.0 Z100.0 M09;	返回换刀点 A，关闭冷却液
N90	M00;	程序暂停
N100	T0202;	换2#精车刀，调2#刀补
N110	S600 M03;	开启主轴
N120	G00 X50.0 Z2.0;	快速定位至起刀点 B
N130	X41.99;	进刀至 E

续表

程序段号	程序内容	说明
	程序号：O0003	
N140	G01 Z-20.0 F0.1;	切削至 F
N150	U4.0;	切削至 G
N160	W-20.0;	切削至 H
N170	X50.0;	切削至 I
N180	G00 Z2.0;	回起刀点 B
N190	X80.0 Z100.0;	返回至换刀点 A
N200	M30;	程序结束

【综合训练二】车削盘类工件

毛坯为 ϕ200mm 的塑料棒，试使用 G94 车削成如图 1-40 所示盘类零件。

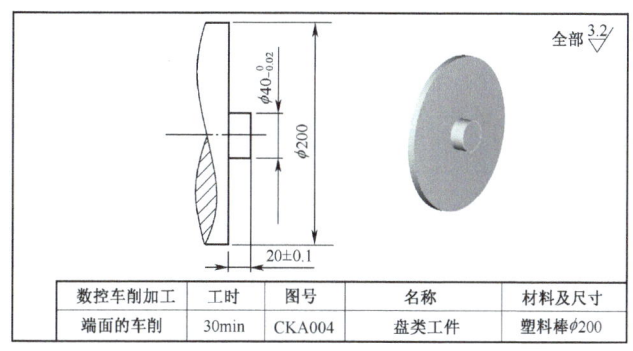

图 1-40　盘类工件加工

一、分析加工工艺

_____
_____
_____
_____
_____
_____

在表 1-12 中填写起刀点、换刀点和各基点坐标。

表 1-12　起刀点、换刀点和各基点坐标

基 点	X 坐标值	Z 坐标值	基 点	X 坐标值	Z 坐标值
O			G		
A			H		

续表

基 点	X 坐 标 值	Z 坐 标 值	基 点	X 坐 标 值	Z 坐 标 值
B			I		
C			J		
D			K		
E			L		
F			M		

二、编写加工技术文件

1. 工序卡（由读者根据图纸编写工序卡，填写于表 1-13）

表 1-13 盘类工件的工序卡

材料	塑料棒	产品名称或代号		零件名称		零件图号	
		CKA004		盘类工件		CKA004	
工序号	程序编号	夹具名称		使用设备		车间	
001	O0004	三爪自定心卡盘				数控实习车间	
工步号	工步内容	刀具号	刀具规格 $b \times h(mm \times mm)$	主轴转速 $n(r/min)$	进给量 $f(mm/r)$	背吃刀量 $a_p(mm)$	备注
1							
2							
编制		批准		日期		共 1 页	第 1 页

2. 刀具卡（由读者根据工序卡编写刀具卡，填写于表 1-14）

表 1-14 盘类工件的刀具卡

产品名称或代号	CKA004	零件名称		盘类工件	零件图号	CKA004
序号	刀具号	刀具名称	数量	加工表面	刀尖半径 R（mm）	刀尖方位 T	备注
1							
2							
编制		批准		日期		共 1 页	第 1 页

3. 编写程序（毛坯 $\phi 200 \times 50$，由读者根据图纸和工序卡编写程序，填写于表 1-15）

表 1-15 盘类工件的程序

程序号：O0004		
程序段号	程序内容	说 明
N10		
N20		
N30		

续表

程序号：O0004		
程 序 段 号	程 序 内 容	说　　明
N40		
N50		
N60		
N70		
N80		
N90		
N100		
N110		
N120		
N130		
N140		
N150		
N160		
N170		
N180		
N190		
N200		
N210		
N220		
N230		
N240		
N250		
N260		
N270		
N280		
N290		

【技能训练】

1. 毛坯为 ϕ50mm 的塑料棒，试车削成如图 1-41 所示零件。
2. 毛坯为 ϕ50mm 的塑料棒，试车削成如图 1-42 所示零件。
3. 毛坯为 ϕ50mm 的塑料棒，试车削成如图 1-43 所示零件。
4. 毛坯为 ϕ55mm 的塑料棒，试车削成如图 1-44 所示零件。
5. 毛坯为 ϕ62mm 的塑料棒，试车削成如图 1-45 所示零件。

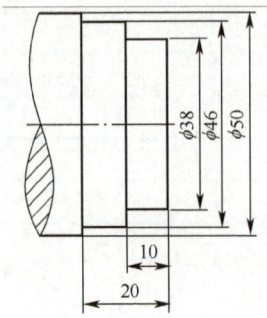
图 1-41 技能训练（1）图

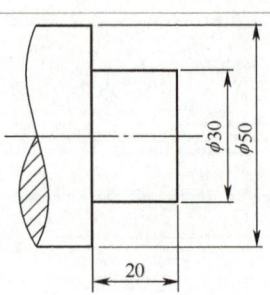
图 1-42 技能训练（2）图

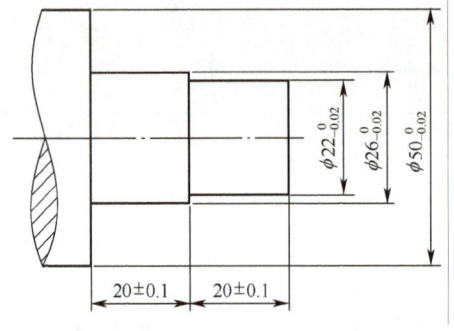
图 1-43 技能训练（3）图

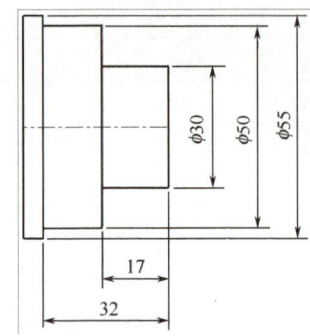
图 1-44 技能训练（4）图

6. 毛坯为 ϕ50mm 的塑料棒，试车削成如图 1-46 所示零件。

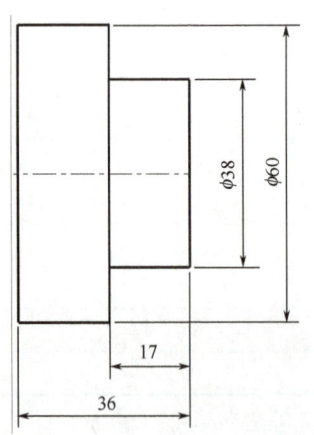
图 1-45 技能训练（5）图

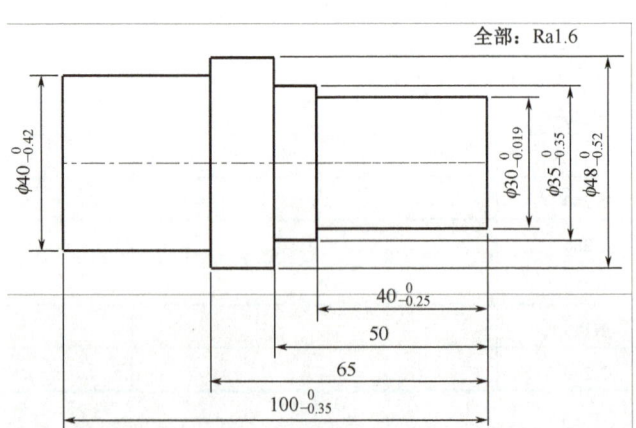
图 1-46 技能训练（6）图

项目二

轴的车削

项目基本技能

【技能应用一】G71 和 G70 指令的使用

毛坯为 ϕ40mm 的塑料棒,试使用 G71 和 G70 指令车削成如图 2-1 所示零件。

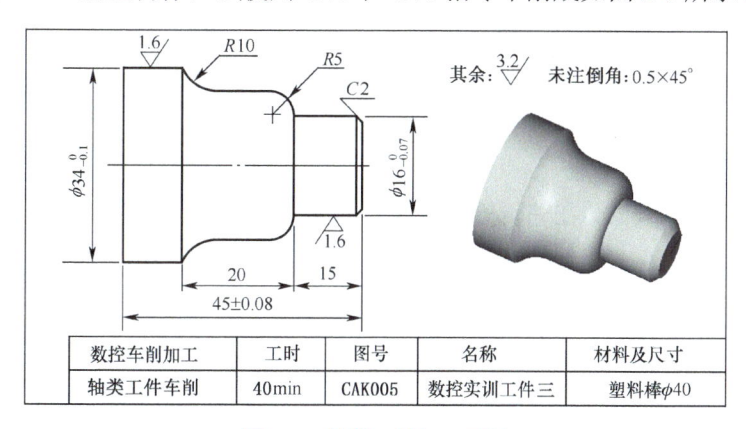

图 2-1 轴类工件加工示例

一、装夹工件和刀具

1. 定位并夹紧工件

通过分析可知,零件轮廓是由直线和圆弧两种类型且为单增的轮廓线构成。由于工件外形规则,长度较短,用三爪自定心卡盘装夹毛坯。装夹时将毛坯伸出 55mm 左右。

2. 安装粗车刀和精车刀

使用 90°硬质合金右偏刀粗车工件,使用 90°硬质合金右偏刀精车工件,因此,首先将该粗车刀安装到刀架的 1#刀位,然后将精车刀安装到刀架的 2#刀位。操作方法和步骤已经前述。

二、对刀操作

(1) 对 1#刀进行对刀操作,设定工件坐标系并建立 1#刀的刀长补偿。

（2）对 2#刀进行对刀操作，建立 2#刀的刀长补偿。

对 1#刀，对 2#刀，建立相应的刀长补偿时。在刀补/形状界面中番号 G001 下输入 1# 粗车刀刀尖半径 0.8mm，刀尖方位 T=3；番号 G002 下输入 2#精车刀刀尖半径 0.2mm，刀尖方位 T=3，如图 2-2 所示。

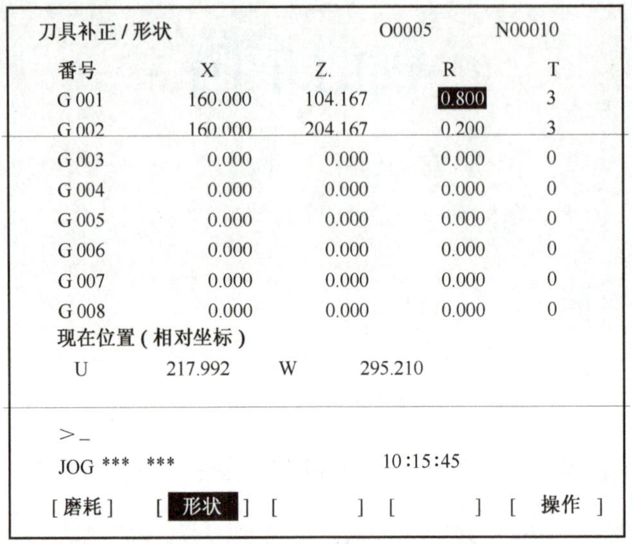

```
刀具补正/形状                    O0005      N00010

番号        X           Z.          R          T
G 001    160.000     104.167     0.800        3
G 002    160.000     204.167     0.200        3
G 003      0.000       0.000     0.000        0
G 004      0.000       0.000     0.000        0
G 005      0.000       0.000     0.000        0
G 006      0.000       0.000     0.000        0
G 007      0.000       0.000     0.000        0
G 008      0.000       0.000     0.000        0

现在位置（相对坐标）
    U     217.992     W       295.210


 >_
 JOG *** ***                      10:15:45
 [ 磨耗 ]   [ 形状 ]   [     ]   [     ]   [ 操作 ]
```

图 2-2　设定刀尖半径补偿界面

三、编写并输入程序

将机床置于编辑模式，在编辑模式输入并编辑程序。参考程序（毛坯ϕ40×60）如表 2-1 所示。

表 2-1　数控实训工件三的参考程序

程序号：O0005		
程序段号	程序内容	说　明
N10	G54 G99 G40；	设置坐标偏移、工作环境
N20	T0101；	换刀，调用刀补
N30	M42；	变换挡位
N40	S400 M03；	开启主轴
N50	G00 X40.0 Z2.0 M08；	快速定位到起刀点
N60	G71 U2.0 R0.5；	粗车循环指令
N70	G71 P80 Q160 U0.5 W0.1 F0.25；	
N80	G42 G00 X0.0；	精车轮廓描述
N90	G01 Z0.0 F0.08；	
N100	X15.965 C-2.0；	
N110	Z-15.0；	
N120	G03 U10.0 W-5.0 R5.0；	
N130	G01 W-12.0；	

续表

| 程序号：O0005 |||
程序段号	程序内容	说 明
N140	G02 X33.95 Z-35.0 R10.0;	精车轮廓描述
N150	G01 Z-45.0;	
N160	G40 G01 X40.0;	
N170	G00 X80.0 Z100.0 M09;	返回换刀点，关闭冷却液
N180	M00;	程序暂停
N190	T0202;	换刀，调用刀补
N200	S700 M03;	开启主轴
N210	G00 X40.0 Z2.0;	快速定位到起刀点
N220	G70 P80 Q160;	精车循环指令
N230	G00 X80.0 Z100.0;	返回换刀点
N240	M30;	程序结束，返回程序开始

四、加工工件并检测

（1）将 G54 中 X 的预置值设置为 0.5，如图 2-3 所示。

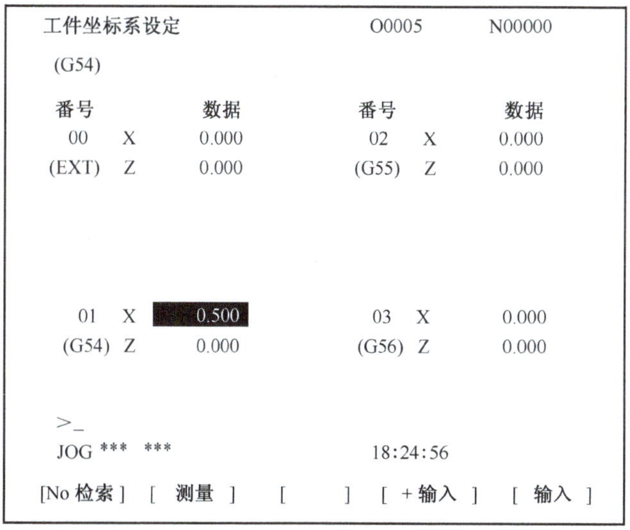

图 2-3　工件坐标系设置界面

（2）将机床置于自动运行模式，调出要加工的程序并将光标移动至程序的开始。

（3）按下"单步"按钮，将倍率调整旋钮置于 10%。

（4）按下"循环启动"按钮。

（5）加工过程中，用眼睛观察刀尖运动轨迹，左手控制倍率调整旋钮，右手控制循环启动和进给保持按钮。

（6）程序执行到 M00 时，若加工为金属件需要冷却一段时间后，测量外径。

（7）继续按下"循环启动"按钮，执行精车程序进行半精车。

（8）半精车结束，测量外圆的直径，将实测的外径同"图纸尺寸+0.5mm"进行比较，将比较误差取相反数后作为 G54 中 X 的修正值，输入到 G54 的 X 预置值中，如图 2-4 所示。

（9）在编辑模式将光标调整到精车程序的开始（M00 段）。

（10）再次将机床置于自动运行模式，取消"单步"按钮，将倍率调整旋钮置于 100%，按下"循环启动"按钮，进行精车。

图 2-4　工件坐标系设置界面

【技能应用二】G73 和 G70 指令的使用

图 2-5 所示为一灰铁铸造件，毛坯为 $\phi44$，试使用 G73 和 G70 指令车削成如图 2-5 所示零件。

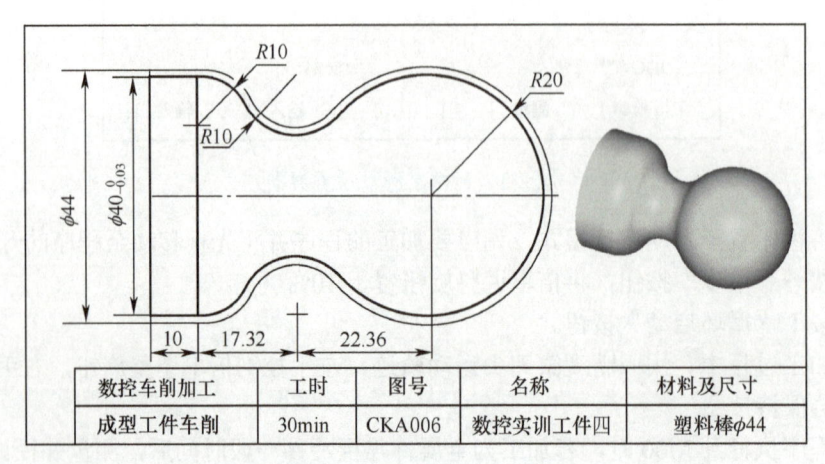

图 2-5　外圆工件加工示例

一、装夹工件和刀具

1．定位并装夹工件

通过分析可知，零件轮廓是由直线和圆弧两种类型轮廓线构成，但是轮廓线不具有单增或单减的特征。由于工件左侧外形规则，用三爪自定心卡盘装夹毛坯。装夹时将毛坯伸出 80mm 左右。

2．安装粗车刀和精车刀

使用 90°硬质合金右偏刀粗车工件，使用 90°硬质合金右偏刀精车工件（粗车刀和精车刀的后角必须要大，避免过切工件），因此，首先将该粗车刀安装到刀架的 1#刀位，然后将精车刀安装到刀架的 2#刀位。操作方法和步骤已经前述。

二、对刀操作及 G50 设定工件坐标系

1．对刀操作

（1）将基准刀装于 1#刀位，并将其相应的几何偏置补偿修改为 X0.0，Z0.0。

① 光标移动到番号 G001 对应的 X 偏置值处，输入"0.0"，按下"INPUT"键，如图 2-6 所示。

番号	X	Z	R	T
G 001	0.000	0.000	0.800	3
G 002	0.000	0.000	0.200	3
G 003	0.000	0.000	0.000	3
G 004	0.000	0.000	0.000	3
G 005	0.000	0.000	0.000	3
G 006	0.000	0.000	0.000	3
G 007	0.000	0.000	0.000	3
G 008	0.000	0.000	0.000	3

刀具补正／形状　　O0006　N00010

现在位置（相对坐标）
U　217.992　　W　295.210

JOG*** ***　　10:15:45

[磨耗]　[形状]　[ ]　[ ]　[操作]

图 2-6　设置刀具几何补偿的界面

② 光标移动到番号 G001 对应的 Z 偏置值处，输入"0.0"，按下"INPUT"键。

（2）将基准刀（1#刀）置于当前刀位。

① 平端面，沿+X方向退刀，如图 2-7（a）所示，在相对坐标界面按下软键 ORIGN（或者是"起源"）将 W 清零。

② 车外圆，沿+Z方向退刀，如图 2-7（b）所示，在相对坐标界面按下软键 ORIGN（或者是"起源"）将 U 清零，如图 2-8 所示。

（3）换 2#刀。

① 轻碰基准外圆，这时的 U 值即是 2#刀 X 方向的刀补，番号 G002 对应的 X 偏置值

处输入该值。

② 轻碰基准端面，这时的 W 值即是 2#刀 Z 方向的刀补，番号 G002 对应的 Z 偏置值处输入该值，如图 2-9 所示。

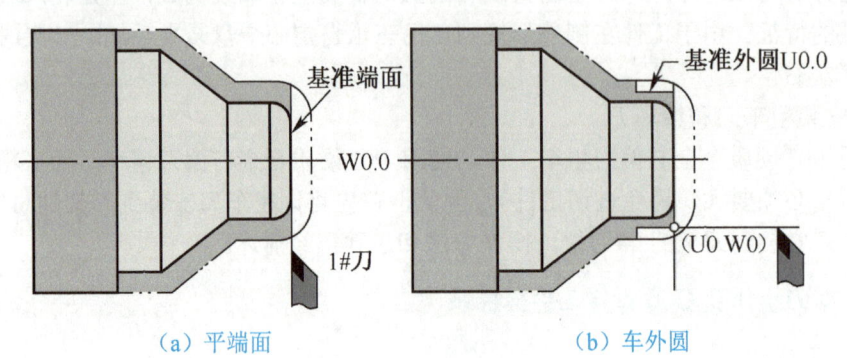

（a）平端面　　　　　　　　　（b）车外圆

图 2-7　平端面和车外圆

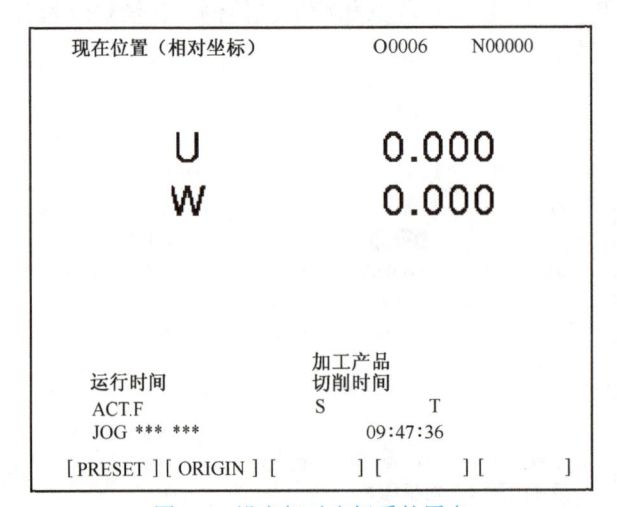

图 2-8　设定相对坐标系的原点

图 2-9　建立 2#刀的几何补偿

③ 2#刀对刀完成。若有其他刀具，对刀的方法类同于 2#刀，输入每把刀的 R 和 T 值。
2. 设定工件坐标系（见图 2-10）
① 对刀完毕，将 1#刀置于当前刀位。

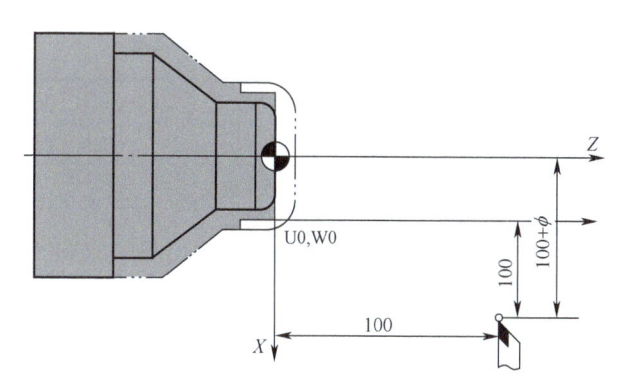

图 2-10　设定工件坐标系

② 测量基准外圆的直径 ϕ。
③ 如果换刀点设为（U100.0，W100.0），在手轮模式将刀架移动直到位置显示 U100，W100，如图 2-11 所示。此时刀架实际距离工件右端面圆心为 X（100+ϕ），Z（100.0）。

图 2-11　相对坐标界面

④ 将机床置于编辑模式，调出要加工的程序，在程序的第一个程序段前插入"N05 G50 X100.0+ϕ　Z100.0;"。
⑤ 将机床置于自动模式，开启运行程序执行第一个程序段则自动调用相应的工件坐标系。

说明：a. 程序中 T0101、T0202 仅仅变换刀具，调用相应的刀补。
b. 对刀结束，一定要将刀架移动到程序起点（U100.0 W100.0）再开启程序。

三、编写并输入程序

将机床置于编辑模式，在编辑模式输入并编辑程序。参考程序（毛坯$\phi 44\times 100$）如表 2-2 所示。

表 2-2 数控实训工件四的参考程序

程序段号	程序内容	说　明
程序号：O0006		
N05	G50 X100.0+ϕZ100.0;	设置工件坐标系
N10	G99 G40;	设置工作环境
N20	T0101;	换刀，调用刀补
N30	M42;	变换挡位
N40	S400 M03;	开启主轴
N50	G00 X44.0 Z2.0 M08;	快速定位到起刀点
N60	G73 U22.0 W0.0 R22.0;	粗车循环指令
N70	G73 P80 Q140 U0.5 W0.0 F0.25;	当毛坯为棒料时，退刀量$\Delta i=(X_{毛}-X_{图最小})/2=(40-0)/2=20$，分刀次数 $d=\Delta i/a_p=20/1=20$。 当毛坯为铸造件或锻造件，退刀量$\Delta k=(Z_{毛}-Z_{图})/2=(44-40)/2=2$，分刀次数 $d=\Delta i/a_p=2/1=2$。
N80	G42 G00 X0.0;	精车轮廓描述
N90	G01 Z0.0 F0.1;	
N100	G03 X26.0 Z-35.0 R-20.0;	
N110	G02 X30.0 Z-51.0 R10.0;	
N120	G03 X39.99 Z-60.0 R10.0;	
N130	G01 W-10.0;	
N140	G40 G01 X44.0;	
N150	G00 X100.0+ϕZ100.0 M09;	返回换刀点，关闭冷却液
N160	M00;	程序暂停
N170	G50 X100.0+ϕZ100.0;	设置工件坐标系
N180	T0202;	换刀，调用刀补
N190	S700 M03;	开启主轴
N200	G00 X44.0 Z2.0;	快速定位到起刀点
N210	G70 P80 Q140;	精车循环指令
N220	G00 X100.0+ϕZ100.0;	返回换刀点
N230	M30;	程序结束，返回程序开始

四、加工工件并检测

（1）采用 G50 法进行对刀，对刀完毕，将 2#刀置于当前刀位。测量基准外圆的直径 ϕ。
（2）如果换刀点设在相对坐标系中的程序起始点（U100.0，W100.0），在手轮模式将刀架移动直到位置显示"U100.0，W100.0"。此时如果将工件坐标系的原点设在右端面与回转轴线的交点上，则刀位点在工件坐标系中的实际位置是 X（100.0+ϕ），Z（100.0）。

（3）将机床置于编辑模式调出要加工的程序，在程序的第一个程序段前插入"N05 G50 X100.0+ϕ Z100.0；"。

（4）将机床置于自动模式，开启运行程序执行第一个程序段则自动建立相应的工件坐标系。

（5）然后执行程序进行粗加工、半精加工和精加工。

（6）通过指令"G50 X100.0+ϕ+δ Z100.0"中的"δ"设置、修改坐标偏移以控制加工尺寸。不能通过 G54 的 X 坐标偏移来控制加工尺寸。

项目基本知识

【知识链接一】基本指令 G02 和 G03

1．顺时针圆弧插补指令 G02

指令格式1：G02　X（U）___Z（W）___R___F___；
指令格式2：G02　X（U）___Z（W）___I___K___F___；

其中，G02 表明圆弧插补的方向为顺时针方向；

　　　X、Z 为圆弧切削运动终点的绝对坐标；

　　　U、W 表示增量值编程时，圆弧终点相对于圆弧起点的增量坐标值；

$$U = X_{终点} - X_{起点}, \quad W = Z_{终点} - Z_{起点}$$

R 为圆弧半径，不与 I、K 同时使用，如果程序中同时出现，R 优先；

I、K（圆心坐标）为圆弧起点到圆心的矢量在 X、Z 坐标轴方向上的分量，I、K 为增量值，并带有"±"号，当矢量的方向与坐标轴的方向不一致时取"−"号；

$$I = X_{圆心} - X_{起点}, \quad K = Z_{圆心} - Z_{起点}$$

F 为圆弧插补时的进给速度。

说明：

a．圆弧插补指令是使刀具在指定平面内按给定的 F 进给速度作圆弧运动，切削出圆弧轮廓的指令。

b．根据车削方向的不同分为顺时针圆弧插补和逆时针圆弧插补。

c．圆弧插补切削方向的判断：无论是前置刀架，还是后置刀架，逆着圆弧所在平面（如 X-Z 平面）的垂直坐标轴的方向（即 −Y 方向）看过去，刀位点沿顺时针运动时为 G02，沿逆时针运动时为 G03，如图 2-12 所示。

d．常用指定圆弧中心位置的方法有两种：一种是用圆弧半径 R 指定圆心；另一种是用圆心相对圆弧起点的增量坐标（I、K）指定圆心位置，如图 2-13 所示。

e．数控车床不能车削圆心角超过 180°的圆弧。

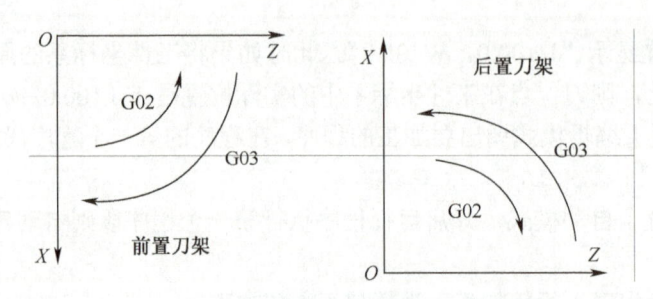

图 2-12　圆弧插补车削方向的判断

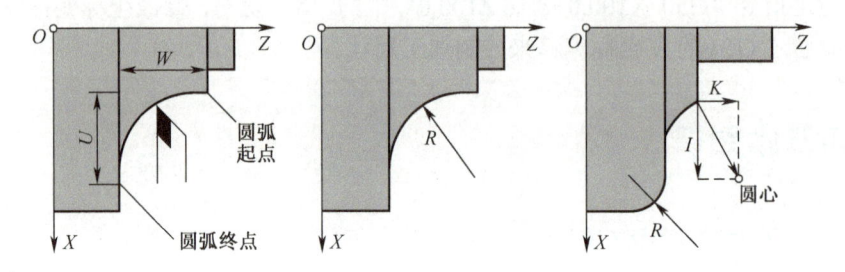

图 2-13　圆弧指令格式示意图

2．逆时针圆弧插补指令 G03

指令格式 1：G03 X（U）___Z（W）___R___F___；

指令格式 2：G03 X（U）___Z（W）___I___K___F___；

其中，G03 表明圆弧插补的方向为逆时针方向，其他指令字的含义同 G02。

【知识链接二】循环指令 G71、G70 和 G73

1．轴向粗车循环指令 G71

指令格式 1：G71 UΔd Re；

指令格式 2：G71 Pns　Qnf　UΔu WΔw Ff；

其中，Δd 为背吃刀量，半径值。一般 45#钢件取 1~2mm，铝件取 1.5~3mm；

　　　　e 为退刀量，半径值。一般取 0.5~1mm；

　　　　ns 为精加工路线的第一个程序段的段号；

　　　　nf 为精加工路线的最后一个程序段的段号；

　　　　Δu 为 X 方向上的精加工余量（直径值），一般取 0.5mm。内轮廓时取负值；

　　　　Δw 为 Z 方向上的精加工余量，一般取 0.05~0.1mm；

　　　　f 为粗加工时的进给量。

走刀路线如图 2-14 所示。

说明：

　a．粗车循环结束后，刀具返回起刀点；

　b．进给量 F 在粗车循环指令 G71 执行期间有效，轮廓描述中给定的进给量无效；

　c．该指令用于轴类工件的轮廓线为单增或单减情形下的粗加工；

　d．G71 有 4 种切削方式，刀具总是平行于 Z 轴移动粗车工件。精加工路线以及精加工余量的符号如图 2-15 所示。其中 A 点为循环起点，B 点为切削终点。

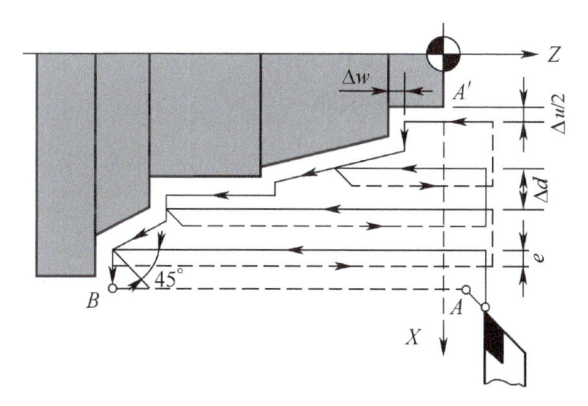

图 2-14　轴向粗车循环指令 G71

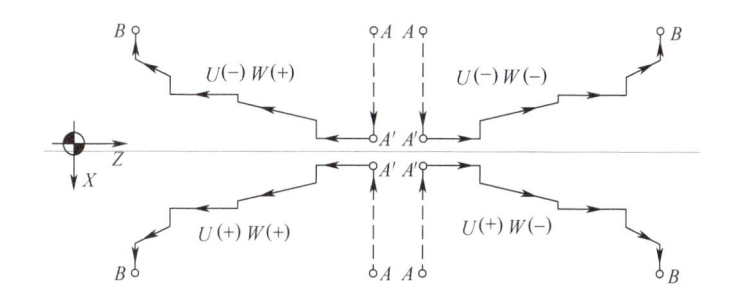

图 2-15　G71 的 4 种切削方式

2．精车循环指令 G70

指令格式：G70 Pns Qnf；

其中，ns 为精加工路线的第一个程序段的段号；

nf 为精加工路线的最后一个程序段的段号。

说明：

a．在精车循环 G70 状态下，ns 至 nf 程序中指定的 F 有效；

b．该指令用于切除粗加工后的加工余量。

走刀路线如图 2-16 所示。

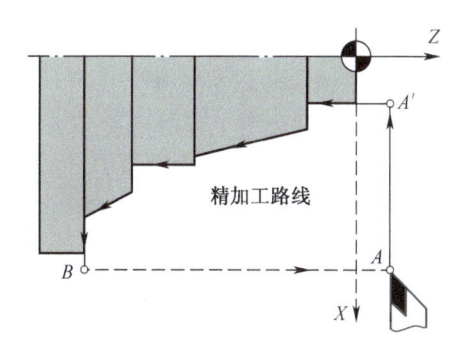

图 2-16　精车循环指令 G70 的走刀路径

3．型车复循环指令 G73

指令格式：G73 UΔi WΔk Rd；
　　　　　G73 Pns　Qnf　UΔu WΔw Ff；

其中，Δi 为 X 方向总的退刀量及方向；
　　　Δk 为 Z 方向总的退刀量及方向；
　　　d 为粗切削次数，又称做分割数；
　　　ns 为精加工路线的第一个程序段的段号；
　　　nf 为精加工路线的最后一个程序段的段号；
　　　Δu 为 X 方向上的精加工余量，一般取 0.5mm；内轮廓时取负值；
　　　Δw 为 Z 方向上的精加工余量，一般取 0.05～0.1mm；
　　　f 为粗加工时的进给量。

走刀路线如图 2-17 所示。

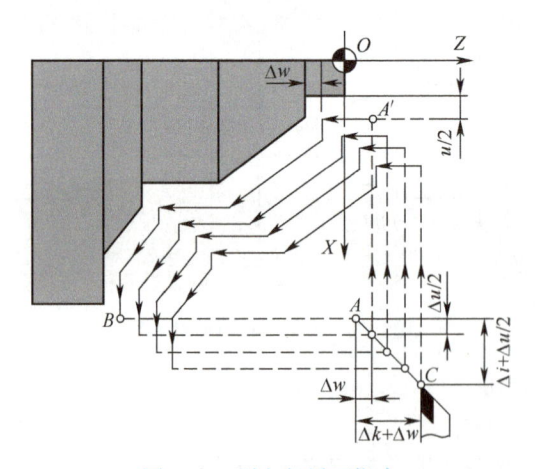

图 2-17　型车复循环指令

说明：

a．起刀点的位置 X 值应不小于工件毛坯的直径，Z 值应在毛坯端面右侧 2mm 处，以免车削返回时发生干涉。粗车循环结束后刀具返回起刀点 A。

b．进给量 F 粗车循环指令 G73 执行期间有效，轮廓描述中给定的进给量无效。

c．该指令用于工件的轮廓线有凹陷情形下的粗加工，也用于锻造件或铸造件毛坯的粗加工。

d．G73 指令中刀具总是平行于轮廓线粗车工件。

e．退刀方向由工件轮廓确定。车削轴类工件时沿 X 正方向退刀，车削盘类工件时沿 Z 正方向退刀，介于之间沿 X、Z 轴线的角平分线方向退刀。

f．退刀量的计算：铸造件或锻造件Δi=（$X_{毛}$-$X_{图}$）/2；Δk=$Z_{毛}$-$Z_{图}$。

$$棒料\Delta i=（X_{毛}-X_{图最小}）/2。$$

g．分割数的计算：$d=\Delta i/a_p$，其中 a_p 为背吃刀量。

h．用于锻造件或铸造件毛坯的粗加工，也应用于轮廓线有凹陷的棒料工件的粗加工。

【知识链接三】刀具半径补偿指令 G42、G41 和 G40

1. 刀尖圆弧半径补偿

在数控车削编程中，刀具路径是根据理想中的刀位点 P 进行编程，而实际加工中刀具的刀尖不可能绝对尖锐为一个点，总有一个圆弧，如图 2-18 所示。这个圆弧刃虽然客观上延长了刀具的使用寿命，但在车削中由于圆弧刃是实际的切削点，而非编程中的刀位点，这个差异对端面和外圆的车削没有影响，而在圆锥的车削中切削刃的轨迹与零件轮廓不一致，会造成欠切误差，如图 2-19 所示。表现在对圆锥的大小端的尺寸产生较大影响，使外锥面的尺寸变大，而使内锥面的尺寸变小。因此，在精密加工中，必须采取相应措施消除这个由于刀尖半径所引起的误差。一般数控系统中均有刀具补偿功能，可对刀尖圆弧半径引起的误差进行补偿，称为刀尖半径补偿。

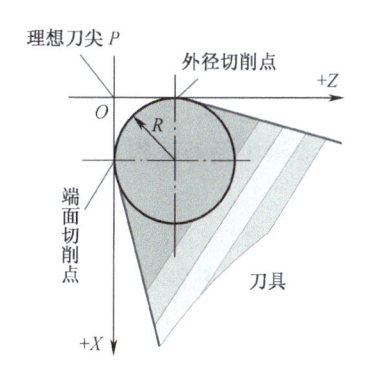

图 2-18　理想刀尖与实际刀尖圆弧 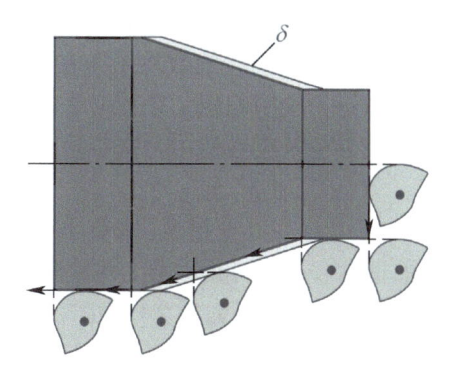　　　　图 2-19　圆锥车削中的欠车削

2. 刀尖半径补偿的方法

在加工前，通过机床数控系统的操作面板，向系统存储器中输入相应的刀具半径补偿参数：刀尖圆弧半径 R 和刀尖方位 T。

编程中按照零件轮廓编程，加工时通过刀具功能（如 T0101）选择存储器中相应的半径补偿值和补偿方向。当系统执行到半径补偿指令（G42 或 G41）时，CPU 从存储器中读取相应刀号（如 T01）的半径补偿参数，控制刀具自动沿刀尖方位 T 方向偏离零件轮廓一个刀尖圆弧半径值 R，按照刀尖圆弧圆心轨迹运动，加工出所要求的零件轮廓，如图 2-20 所示。

3. 刀尖半径补偿参数及其设置

（1）刀尖半径

使用刀具半径补偿之前，首先应将刀尖圆弧半径值输入到系统的存储器中。一般粗车刀取 0.8mm，精车刀取 0.2mm。

（2）车刀形状和方位

车刀形状不同，安装的位置不同，决定刀尖圆弧所处的位置和方向，执行刀具补偿时，刀位点偏离零件轮廓的方向也不相同，因此要将代表车刀形状和位置的刀尖方位 T 输入到存储器中。数控车床中刀尖方位共有 10 种，分别用参数 0~9 表示，如图 2-21 所示。例如，外圆右偏刀 $T=3$，左偏刀 $T=4$。

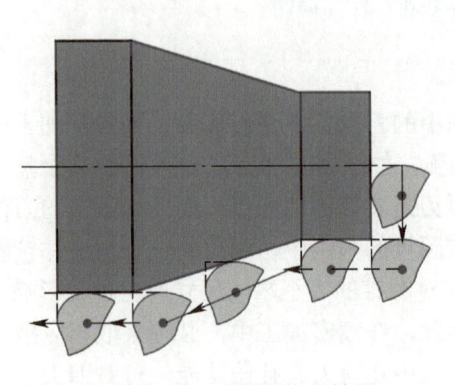

图 2-20　刀尖圆弧半径补偿

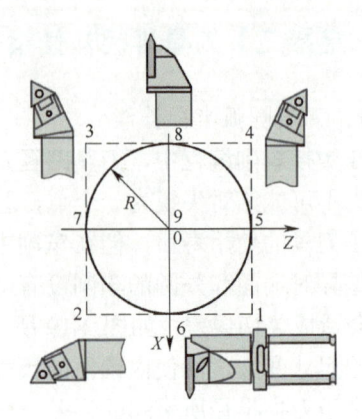

图 2-21　刀尖圆弧半径补偿方位

4．刀具半径补偿指令 G40、G41 和 G42

有刀具半径补偿功能的数控系统在编制零件加工程序时，不需要计算刀具中心运动轨迹，而只按零件轮廓编程。在程序中通过刀尖半径补偿指令 G41 和 G42，以及 T 代码中指定的刀尖半径补偿号调用刀尖半径补偿功能。通过取消半径补偿指令 G40 取消半径补偿功能。

G41：刀具半径左补偿指令。刀具半径左补偿是指逆着第三轴的方向观察（即仰视时），顺着刀具的运动方向，刀具位于工件轮廓左侧时的半径补偿，如图 2-22（a）所示。

格式：G41 G00/G01 X___Z____；

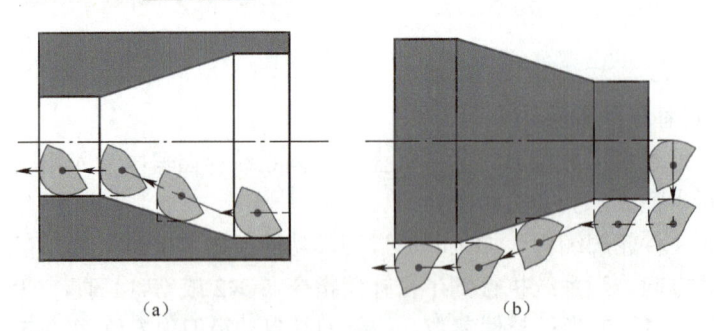

图 2-22　刀尖圆弧半径补偿

G42：刀具半径右补偿指令。刀具半径右补偿是指逆着第三轴的方向观察，顺着刀具的运动方向，刀具位于工件轮廓右侧时的半径补偿，如图 2-22（b）所示。

格式：G42 G00/G01 X___Z____；

G40：刀具半径补偿取消指令。

格式：G40 G00/G01 X___Z____；

5．刀尖半径补偿的编程实现

（1）刀具半径补偿的引入：刀具中心从与编程轨迹重合过渡到与编程轨迹偏离一个偏置量的过程。

（2）刀具半径补偿的进行：刀具中心始终与编程轨迹保持设定的偏置距离。

（3）刀具半径补偿的取消：刀具中心从与编程轨迹偏离过渡到与编程轨迹重合的过程，如图 2-23 所示。

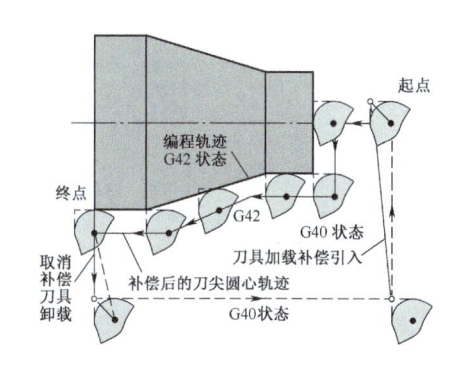

图 2-23　刀尖圆弧半径补偿的建立与取消

说明：

a．建立和取消刀具半径补偿应尽可能的设置在不切削的空行程上，只能使用 G00 或 G01 指令；不能使用 G02 或 G03 指令，否则，将出现报警。

b．调用新刀具前或更改刀具补偿方向中间必须取消刀具补偿，以避免产生加工误差。

c．G41、G42 不带参数，其补偿值和补偿方向存在于 T 指令的刀具偏置补偿号所指定的存储器。

【知识链接四】倒角 C、拐角 R 指令

1．G01 的倒角、拐角功能

G01 倒角控制功能可以在两个相交成直角的程序段之间插入倒角或圆弧倒角。

指令格式 1：G01 X（U）__（或 Z（W）__）C__；

指令格式 2：G01 X（U）__（或 Z（W）__）R__；

倒角和拐角的类型如表 2-3 所示。

表 2-3　倒角和拐角的类型

类　　型	格　　式	刀具移动路径	说　　明
$Z{\to}X$ 的倒角	G01 Z（W）__ I（C）$\pm i$；		编程路径：$A{\to}C{\to}D$ 时 C 取负值 编程路径：$A{\to}C{\to}E$ 时 C 取正值
$X{\to}Z$ 的倒角	G01 X（U）__ K（C）$\pm k$；		编程路径：$A{\to}C{\to}D$ 时 C 取负值 编程路径：$A{\to}C{\to}E$ 时 C 取正值
$Z{\to}X$ 的拐角	G01 Z（W）__ R$\pm r$；		编程路径：$A{\to}C{\to}D$ 时 R 取负值 编程路径：$A{\to}C{\to}E$ 时 R 取正值

续表

类 型	格 式	刀具移动路径	说 明
X→Z 的拐角	G01 X（U）___ R±r;		编程路径：A→C→D 时 R 取负值 编程路径：A→C→E 时 R 取正值

说明：

    a. X、Z 值为绝对指令时两相邻直线的交点，即假想拐角交点的坐标值；

    b. U、W 值为增量指令时假想拐角交点相对于该起始直线轨迹起始点的增量值；

    c. C 值是假想拐角交点 A 相对于倒角起始点的距离，该值有正负之分，当车刀倒角后进给方向与坐标轴的正方向相反时取负；R 值是倒圆弧的半径值；

    d. 倒角或拐角的移动必须是以 G01 方式沿 X 或 Z 轴的单个移动，且编程中要移动到相应两条垂直交线的顶点，如图 2-24 中所示的 A 或 B 点。下一个程序必须是沿 X 或 Z 轴的垂直于前一个程序段的单个移动。

2．倒角与圆锥的关系

使用 G01 指令可以车削任何锥度的锥面和倒角，而倒角指令仅在指定了倒角的程序段中 X（或 Z）的方向移动量大于倒角值时才可以车削 45°的圆锥面。如图 2-25（b）中不能使用倒角指令。

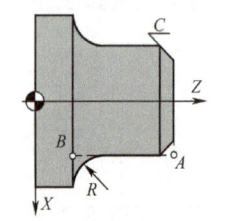

图 2-24　倒角和拐角的使用　　　　图 2-25　倒角与圆锥的关系

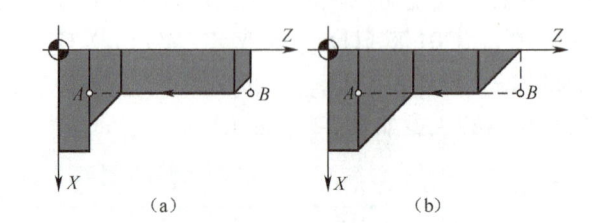

3．拐圆与圆弧指令的关系

使用 G02 和 G03 指令可以车削小于 180°的任何角度的圆弧，而拐角指令仅在指定了拐角的程序段中 X（或 Z）的方向移动量大于拐角半径值时才可以车削 90°的圆弧。如图 2-26（b）中不能使用拐角指令。

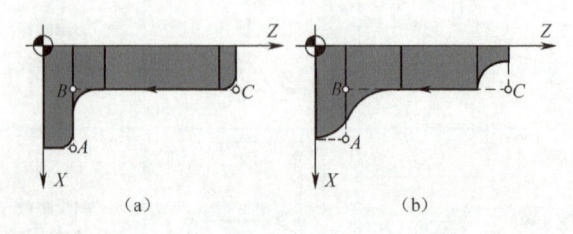

图 2-26　拐圆与圆弧指令的关系

【知识链接五】图纸参数编程

在编程中，可以直接将图纸中标定的直线的角度、倒角值、拐角圆弧过渡值以及加工图纸上的其他尺寸值用做编程的数值，也可以在任意倾角的直线间插入倒角或过渡圆弧，从而大大简化相关的数值计算。但这种编程只在存储器工作方式时有效。

使用角度 A 编程时，A 为车刀走刀路线与 Z 轴正方向的夹角，单位为度。例如：A140.0 表示车刀走刀路线与 Z 轴正方向的夹角为 140°。

图纸参数编程的常见类型如表 2-4 所示。

表 2-4 图纸参数编程的常见类型

序 号	指 令	刀 具 运 动
1	X2_（Z2_），A_；	
2	，A1_； X3_Z3_，A2_；	
3	X2_Z2_，R1_； X3_Z3_； 或 ，A1_，R1_； X3_Z3_，A2_；	
4	X2_Z2_，C1_； X3_Z3_； 或 ，A1_，C1_； X3_Z3_，A2_；	
5	X2_Z2_，R1_； X3_Z3_，R2_； X4_Z4_； 或 ，A1_，R1_； X3_Z3_，A2_，R2_； X4_Z4_；	
6	X2_Z2_，R1_； X3_Z3_，C2_； X4_Z4_； 或 ，A1_，R1_； X3_Z3_，A2_，C2_； X4_Z4_；	

【知识链接六】G50 法对刀

1. G50 法对刀,建立工件坐标系

G50 指令设定加工坐标系是用刀具当前点的位置及 G50 指令里的 X、Z 坐标值反推而设定的加工坐标系,如图 2-27 所示。G50 指令设定加工坐标系与机床坐标系无关。G50 的对刀操作就是测定某一位置处的刀位点相对于工件原点的距离。

格式:G50 X__ Z__;

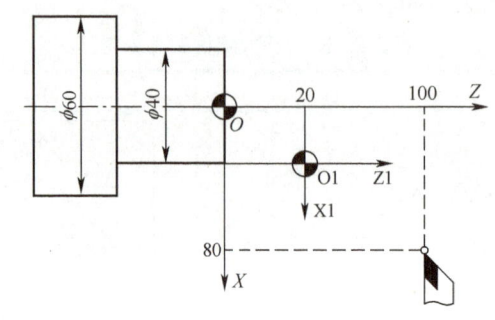

图 2-27　G50 法对刀

说明:

a. 自动加工中运行程序段"G50 X__Z__;"后面指令中的绝对值指令都是用此坐标系下的坐标值来表示的。该指令本身不会产生机械移动。

b. G50 指令是以一把标准刀具为基准刀,以该刀尖作为基准点建立相应的工件坐标系。基准刀本身的几何补偿值均为 0。其他刀具的补偿值都是相对于该标准刀具设置的。

c. 使用 G50 法建立工件坐标系时,刀具必须在特定的起刀点出发启动运行程序。在运行程序前不可轻易移动刀具或工件,以确保起刀点与工件原点之间的位置关系与程序中 G50 设定的关系保持一致,否则,需要重新对刀确定这一关系。该特定点往往用做换刀点。

d. 采用 G50 设定的坐标系,如果对刀结束后使用 MDI 执行 G50 指令,则程序中可免去 G50 的指令行,此时起刀点的位置可移动而不再受 G50 的限制。系统关机或回零后 G50 设定的工件坐标系自动消失,再次开机要重新设立坐标系。

2. 刀补的概念

刀具补正简称刀补,又称刀具偏置,是数控系统用来补偿假定刀具长度与基准刀具长度之差的功能。数控车床可以同时实现 X 轴和 Z 轴的长度补偿。刀具偏置分为刀具几何偏置和刀具磨损偏置两种。由于刀具的几何形状不同和刀具的安装位置不同而产生的刀具偏置称为刀具几何偏置;由于刀尖的磨损所产生的刀具偏置称为刀具磨损偏置,即"磨耗"。关于磨耗的内容后面讲述。

刀具的几何补偿如图 2-28 所示,以 1#刀为基准刀,则其他刀与基准刀的长度差值(比基准刀短用负值表示)及换刀后到 A 点移动的距离如表 2-5 所示。1#刀从当前点(即换刀点)移动到 A 点时 X 方向移动 30mm(直径值),Z 方向移动 30mm。当在换刀点换 2#刀后,由于 2#刀 X 方向比 1#刀短 8mm,Z 方向比 1#刀短 2mm,因此,与基准刀相比,2#刀的刀位点从换刀点移动到 A 点时,从 X 方向要多移动 8mm,Z 方向要多移动 2mm。在数控系统中,可以将不同刀具通过相应的刀具几何补偿输入给数控系统,数控系统在运行程序时,自动调用相应的几何偏置补偿加工出所编制的工件,而不必考虑刀具的形状。

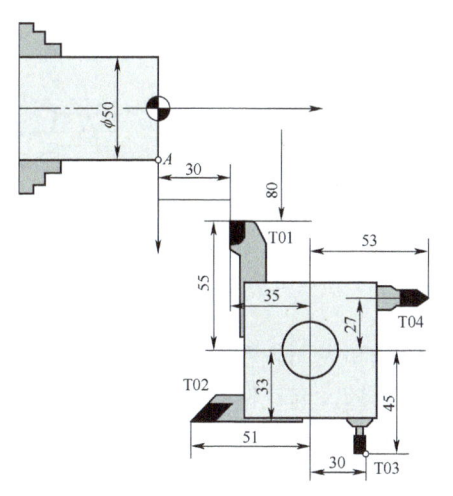

图 2-28 刀具的几何补偿

表 2-5 长度差值及刀具移动距离　　　　　　　　　　　　　　　　　　单位:mm

刀具 项目	T01(基准刀具)		T02		T03		T04	
	X(直径)	Z	X(直径)	Z	X(直径)	Z	X(直径)	Z
长度差值	0	0	−8	−2	−20	−5	−4	−8
刀具移动距离	30	30	38	32	50	35	34	38

【知识链接七】套筒类工件的加工与检测

1. 套类工件的加工

对于棒料的孔类工件的加工,首先要通过手工平端面、中心钻钻孔定位、麻花钻钻孔之后,才能使用镗孔刀进行孔的加工。对于铸造孔或锻造孔,可以直接使用镗孔刀进行粗镗孔和精镗孔。孔的尺寸精度、位置精度、深度、孔径和表面粗糙度要求是确定孔的加工方案的主要依据。车床孔的加工方法的选择如表 2-6 所示。

表 2-6 车床孔的加工方法的选择

精度等级	$\phi \leqslant 10mm$	$\phi > 10 \sim 30mm$	$\phi > 30 \sim 80mm$
IT11	钻孔	钻孔→扩孔	钻孔→扩孔→镗孔
IT10、IT9	钻孔→铰孔	钻孔→扩孔→铰孔	钻孔→扩孔→镗孔(或铰孔)
IT8、IT7	钻孔→铰孔→铰孔	钻孔→扩孔→铰孔→铰孔	钻孔→镗孔(或扩孔)→铰孔→铰孔

(1) 中心孔定位

用小麻花钻钻孔时,一般先用中心钻定心,再用钻头钻孔。钻削中心孔,既便于定心,又可以使钻出的孔同轴度较好。中心孔用中心钻来加工,如图 2-29 所示。加工中心孔时,一般取较高的转速,采用手摇进给操作,缓慢、均匀进给并注意退刀清屑。数控车床电动刀架安装中心钻或麻花钻钻孔，必须首先找正，使中心钻或麻花钻对准工件中心，否则会将孔钻大，或钻头折断。

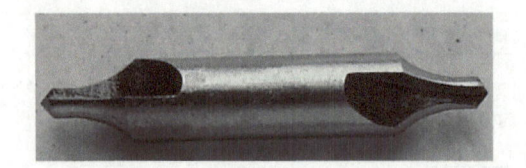

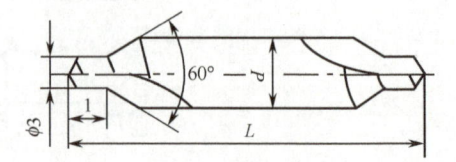

图 2-29　中心钻

（2）麻花钻钻孔

麻花钻常用来钻削精度较低和表面较粗糙的孔，如图 2-30 所示。选用麻花钻时，应根据下一道工序的要求留出加工余量，麻花钻的长度应是螺旋部分稍长于孔深。高速钢钻头加工的精度可达 IT11～IT13，表面粗糙度可达 Ra 6.3～25μm。由于在车床上钻孔时，切削液很难深入到切削区，在加工中应经常退出钻头，以利于排屑和冷却。对于不带尾座的数控车床，可以将麻花钻安装在刀架上，找正后使用端面深孔加工循环指令 G74 进行加工。

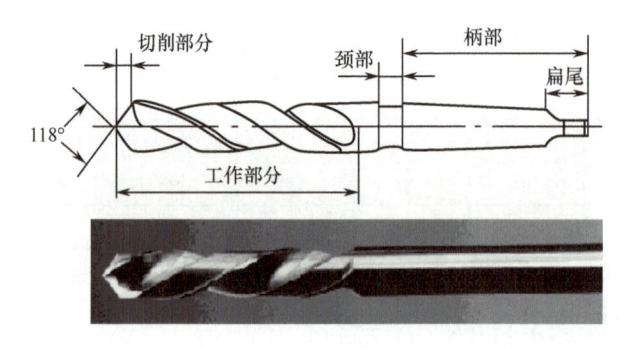

图 2-30　麻花钻

（3）镗孔刀镗孔

① 通孔镗车刀和盲孔镗车刀。

根据不同的加工情况，镗孔车刀分为通孔镗车刀和盲孔镗车刀两种，如图 2-31 所示。为减小径向切削力，防止振动，通孔刀的主偏角一般取 60°～75°，副偏角取 15°～30°；盲孔刀主要用于车盲孔或台阶孔，它的主偏角取 90°～93°，刀尖在刀杆的最前端。选择内孔车刀时，为了增加车削刚性，防止产生振动，要尽量选择粗的刀杆；要有可靠的断屑和排屑措施。

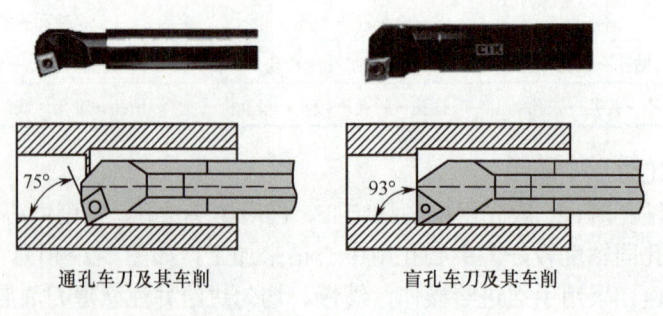

通孔车刀及其车削　　　　盲孔车刀及其车削

图 2-31　镗孔刀镗孔

② 镗孔车刀的安装。

A．刀杆伸出刀架处的长度应尽可能短，一般比被加工孔长 5～6mm 为宜，以增加刚性，避免因刀杆弯曲变形，而使孔产生锥形误差。

B．刀尖与工件中心等高或稍高，以减少振动和扎刀现象，防止镗刀下部碰坏孔壁，造成孔径扩大，影响加工精度。

C．刀杆基本平行于工件的回转轴线，以防止车削到一定深度时刀杆后半部碰坏已加工表面。

D．盲孔刀装夹时，内偏刀的主刀刃应与孔底平面成 3°～5° 的角度，并且在车平面时要求横向有足够的退刀余地。

③ 镗孔车刀的镗孔操作。

镗孔刀车削时走刀路线应由外到内加工，进刀、退刀方向与外圆车削时的方向相反，特别注意不要与工件或尾座发生干涉。当孔类工件的内轮廓为单增或单减情况时，可以使用 G71 指令简化编程。与外圆车削不同的是：镗孔刀执行循环指令的起刀点的 X 坐标值要小于麻花钻所钻孔的直径，G71 指令中精车余量 U 值应当取负，如果使用 G54 进行预置时 X 应当为负。

（4）铰刀铰孔

铰刀用于中小型孔的半精加工和精加工，也常用于磨孔或研孔的预加工。铰刀的齿数多、导向性好、加工余量小、工作平稳，一般加工精度可以 IT6～IT8，表面粗糙度可达 Ra 0.4～1.6μm。铰刀如图 2-32 所示。

图 2-32　铰刀

2．套类工件的检测

（1）赛规检测

赛规如图 2-33 所示，利用赛规的通端和止端控制内孔的尺寸。使用时注意赛规的轴线与工件的轴线保持一致，如图 2-34 所示。不可强制使通端通过，以免对赛规造成损坏。

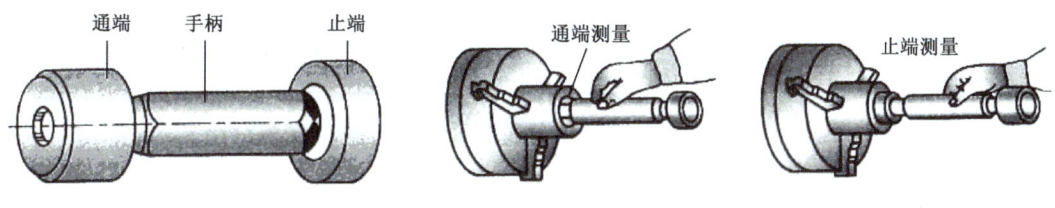

图 2-33　赛规　　　　图 2-34　赛规测量工件

（2）内测千分尺和内径千分尺检测

内测千分尺的精度较低，使用方法与外径千分尺相似，如图 2-35 所示。

内径千分尺采用接长杆进行不同内径的测量，使用方法如图 2-36 所示。

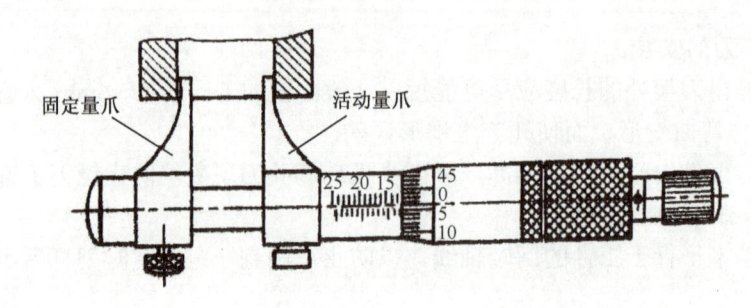

图 2-35 使用内侧千分尺测量内径

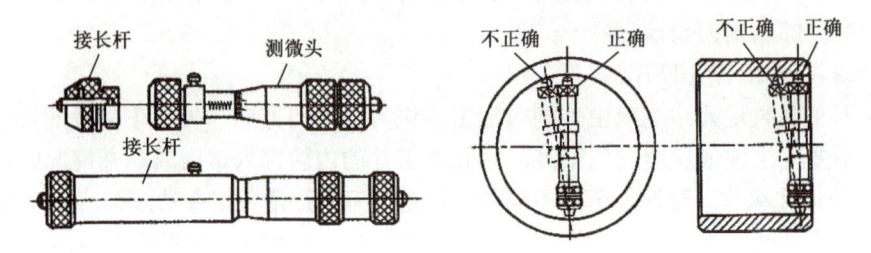

图 2-36 使用内径千分尺测量内径

项目综合训练

【综合训练一】车削锥面工件

毛坯尺寸 ϕ45mm 的棒料,材料为塑料棒,试车削成如图 2-37 所示零件。

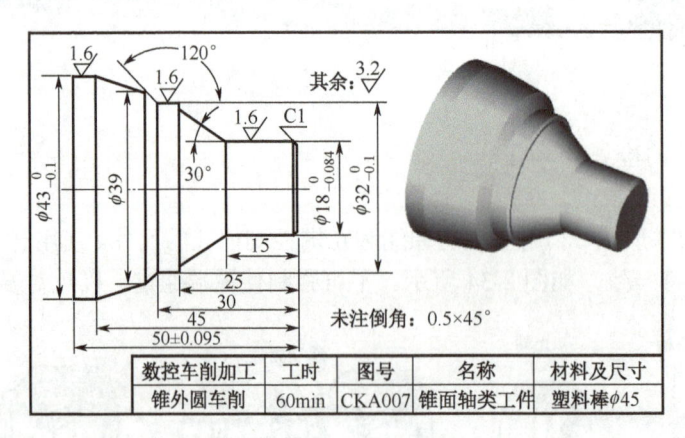

图 2-37 锥面工件加工

一、分析加工工艺

_____
_____
_____

_____
_____
_____
_____
_____

在表 2-7 中填写起刀点、换刀点和各基点坐标。

表 2-7　起刀点、换刀点和各基点坐标

基　点	X 坐标值	Z 坐标值	基　点	X 坐标值	Z 坐标值
O			E		
A			F		
B			G		
C			H		
D			I		

二、编写加工技术文件

1. 工序卡（由读者根据图纸编写工序卡，填写于表 2-8）

表 2-8　锥面工件的工序卡

材料	塑料棒	产品名称或代号		零件名称		零件图号	
		CKA007		锥面工件		CKA007	
工序号	程序编号	夹具名称		使用设备		车间	
001	O0007	三爪自定心卡盘				数控实习车间	
工步号	工步内容	刀具号	刀具规格 b×h(mm×mm)	主轴转速 n(r/min)	进给量 f(mm/r)	背吃刀量 a_p(mm)	备注
1							
2							
编制		批准		日期		共 1 页	第 1 页

2. 刀具卡（由读者根据工序卡编写刀具卡，填写于表 2-9）

表 2-9　锥面工件的刀具卡

产品名称或代号		CKA007		零件名称	锥面工件		零件图号	CKA007
序号	刀具号		刀具名称	数量	加工表面	刀尖半径 R（mm）	刀尖方位 T	备注
1								
2								
编制		批准			日期		共 1 页	第 1 页

3. 编写程序（毛坯 ϕ45×80，由读者根据图纸和工序卡编写程序，填写于表 2-10 中）

表 2-10 锥面工件的程序

程 序 段 号	程 序 内 容	说　　明
程序号：O0007		
N10		
N20		
N30		
N40		
N50		
N60		
N70		
N80		
N90		
N100		
N110		
N120		
N130		
N140		
N150		
N160		
N170		
N180		
N190		
N200		
N210		
N220		
N230		
N240		
N250		
N260		
N270		

【综合训练二】车削圆弧工件

毛坯为 ϕ40mm 的塑料棒，试车削成如图 2-38 所示零件。

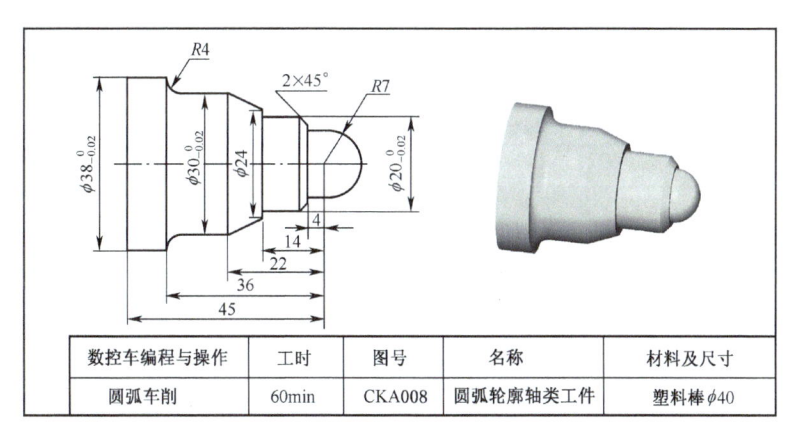

图 2-38　圆弧工件加工

一、分析加工工艺

_____
_____
_____
_____
_____
_____
_____
_____

在表 2-11 中填写起刀点、换刀点和各基点坐标。

表 2-11　起刀点、换刀点和各基点坐标

基　　点	X 坐标值	Z 坐标值	基　　点	X 坐标值	Z 坐标值
O			E		
A			F		
B			G		
C			H		
D			I		

二、编写加工技术文件

1. 工序卡（由读者根据图纸编写工序卡，填写于表 2-12）

表 2-12　圆弧工件的工序卡

材料	塑料棒	产品名称或代号	零件名称	零件图号
		CKA008	圆弧工件	CKA008
工序号	程序编号	夹具名称	使用设备	车间
001	O0008	三爪自定心卡盘		数控实习车间

续表

工步号	工步内容	刀具号	刀具规格 b×h(mm×mm)	主轴转速 n(r/min)	进给量 f(mm/r)	背吃刀量 a_p(mm)	备注
1							
2							
编制		批准		日期		共1页	第1页

2. 刀具卡（由读者根据工序卡编写刀具卡，填写于表 2-13）

表 2-13　圆弧工件的刀具卡

产品名称或代号	CKA008	零件名称	圆弧工件	零件图号	CKA008
序号	刀具号	刀具名称	数量	加工表面	刀尖半径 R（mm）	刀尖方位 T	备注
1							
2							
编制		批准		日期		共1页	第1页

3. 编写程序（毛坯 ϕ40×70，由读者根据图纸和工序卡编写程序，填写于表 2-14 中）

表 2-14　圆弧工件的程序

程序号：O0008		
程序段号	程序内容	说　明
N10		
N20		
N30		
N40		
N50		
N60		
N70		
N80		
N90		
N100		
N110		
N120		
N130		
N140		
N150		
N160		
N170		
N180		

续表

程序段号	程序内容	说　明
程序号：O0008			
N190		
N200		
N210		
N220		
N230		
N240		
N250		
N260		
N270		

【综合训练三】车削成型工件

毛坯为 ϕ42mm 的塑料棒，试使用 G73 和 G70 指令车削成如图 2-39 所示零件。

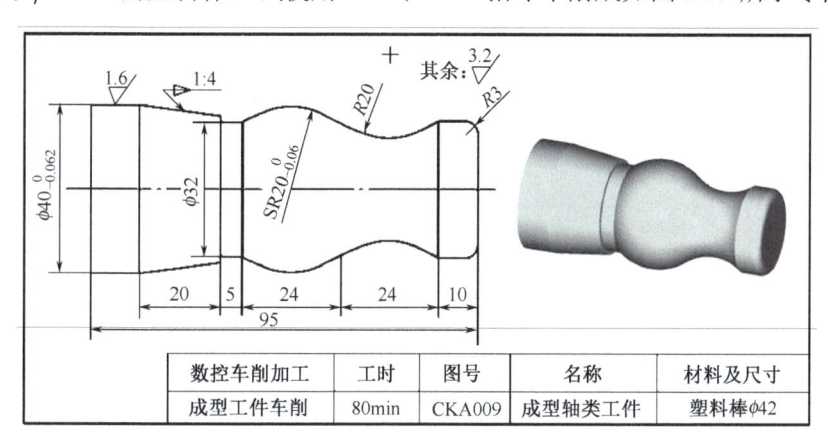

图 2-39　成型工件加工

一、分析加工工艺

_____
_____
_____
_____
_____
_____
_____

在表 2-15 中填写起刀点、换刀点和各基点坐标。

表 2-15 起刀点、换刀点和各基点坐标

基 点	X 坐标值	Z 坐标值	基 点	X 坐标值	Z 坐标值
O			E		
A			F		
B			G		
C			H		
D			I		

二、编写加工技术文件

1. 工序卡（由读者根据图纸编写工序卡，填写于表 2-16）

表 2-16 成型工件的工序卡

材料	塑料棒	产品名称或代号		零件名称		零件图号	
		CKA009		成型工件		CKA009	
工序号	程序编号	夹具名称		使用设备		车间	
001	O0009	三爪自定心卡盘				数控实习车间	
工步号	工步内容	刀具号	刀具规格 b×h(mm×mm)	主轴转速 n(r/min)	进给量 f(mm/r)	背吃刀量 a_p(mm)	备注
1							
2							
编制		批准		日期		共 1 页	第 1 页

2. 刀具卡（由读者根据工序卡编写刀具卡，填写于表 2-17）

表 2-17 成型工件的刀具卡

产品名称或代号		CKA009	零件名称		成型工件	零件图号	CKA009
序号	刀具号	刀具名称	数量	加工表面	刀尖半径 R（mm）	刀尖方位 T	备注
1							
2							
编制		批准		日期		共 1 页	第 1 页

3. 编写程序（毛坯 ϕ42×120，由读者根据图纸和工序卡编写程序，填写于表 2-18 中）

表 2-18 成型工件的程序

程序号：O0009		
程序段号	程序内容	说　明
N10		
N20		

续表

程序号：O0009

程 序 段 号	程 序 内 容	说　　明
N30		
N40		
N50		
N60		
N70		
N80		
N90		
N100		
N110		
N120		
N130		
N140		
N150		
N160		
N170		
N180		
N190		
N200		
N210		
N220		
N230		
N240		
N250		
N260		
N270		

【综合训练四】车削套类工件

毛坯为 ϕ50mm 的塑料棒，试使用 G71 和 G70 指令车削成如图 2-40 所示零件。

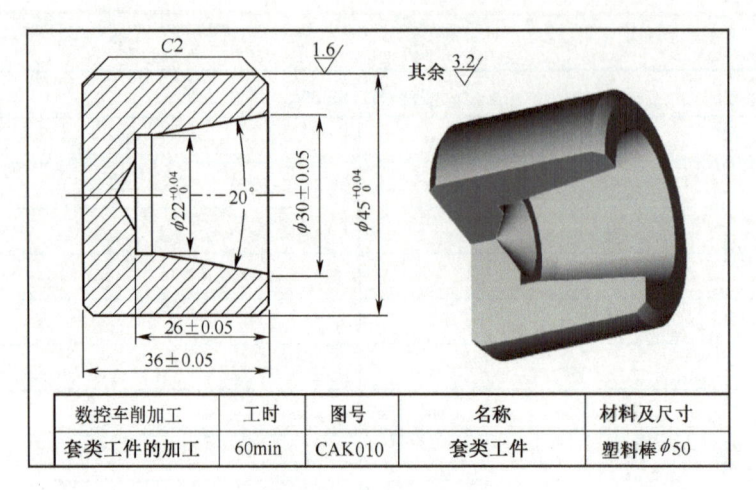

图 2-40 套类工件加工

一、分析加工工艺

_____
_____
_____
_____
_____
_____

在表 2-19 中填写起刀点、换刀点和各基点坐标。

表 2-19 起刀点、换刀点和各基点坐标

基 点	X 坐 标 值	Z 坐 标 值	基 点	X 坐 标 值	Z 坐 标 值
O			E		
A			F		
B			G		
C			H		
D			I		

二、编写加工技术文件

1. 工序卡（由读者根据图纸编写工序卡，填写于表 2-20）

表 2-20 套类工件的工序卡

材料	塑料棒	产品名称或代号		零件名称		零件图号	
		CKA010		套类工件		CKA010	
工序号	程序编号	夹具名称		使用设备		车间	
001	O0010	三爪自定心卡盘				数控实习车间	

续表

工步号	工步内容	刀具号	刀具规格 b×h(mm×mm)	主轴转速 n(r/min)	进给量 f(mm/r)	背吃刀量 a_p(mm)	备注
1							
2							
3							
4							
5							
6							
7							
8							
编制		批准		日期		共1页	第1页

2．刀具卡（由读者根据工序卡编写刀具卡，填写于表 2-21）

表 2-21 套类工件的刀具卡

产品名称或代号	CKA010	零件名称		套类工件		零件图号	CKA010
序号	刀具号	刀具名称	数量	加工表面	刀尖半径 R（mm）	刀尖方位 T	备注
1							
2							
3							
编制		批准		日期		共1页	第1页

3．编写程序（毛坯 ϕ50×60，由读者根据图纸和工序卡编写程序，填写于表 2-22 中）

表 2-22 套类工件的程序

程序号：O0010			
程序段号	程序内容		说　　明
N10			
N20			
N30			
N40			
N50			
N60			
N70			
N80			
N90			
N100			
N110			

续表

程序号：O0010		
程 序 段 号	程 序 内 容	说　　明
N120		
N130		
N140		
N150		
N160		
N170		
N180		
N190		
N200		
N210		
N220		
N230		
N240		
N250		
N260		
N270		
N280		
N290		
N300		
N310		
N320		
N330		
N340		
N350		
N360		
N370		
N380		
N390		
N400		
N410		
N420		
N430		
N440		
N450		
N460		
N470		
N480		

【技能训练】

1. 毛坯为 ϕ40mm 的塑料棒，试车削成如图 2-41 所示零件。

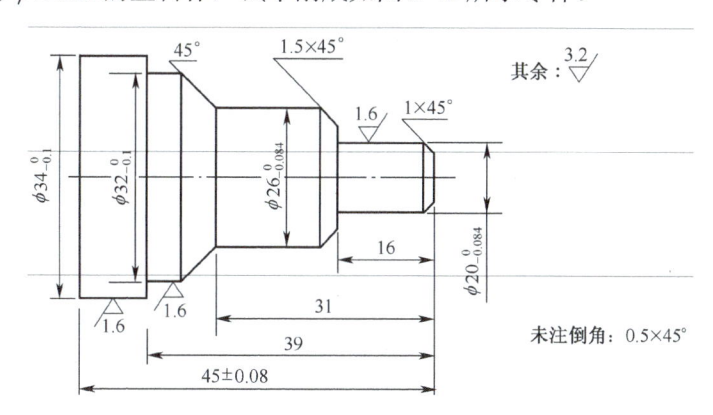

图 2-41 技能训练（1）图

2. 毛坯为 ϕ45mm 的塑料棒，试车削成如图 2-42 所示零件。

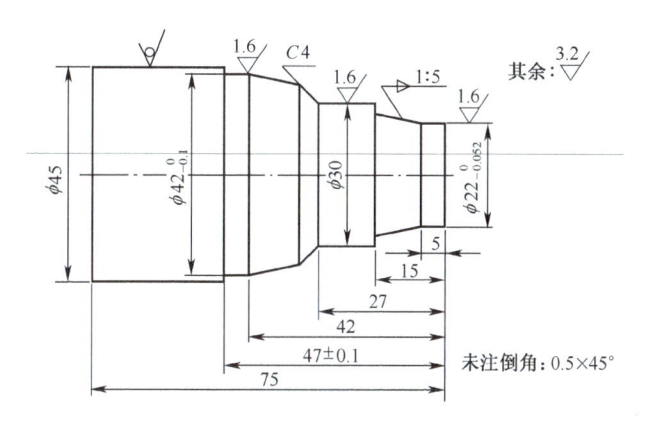

图 2-42 技能训练（2）图

3. 毛坯为 ϕ40mm 的塑料棒，试车削成如图 2-43 所示零件。
4. 毛坯为 ϕ40mm 的塑料棒，试车削成如图 2-44 所示零件。

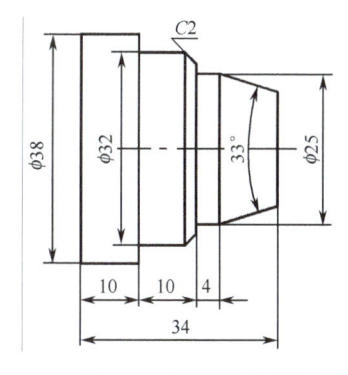

图 2-43 技能训练（3）图

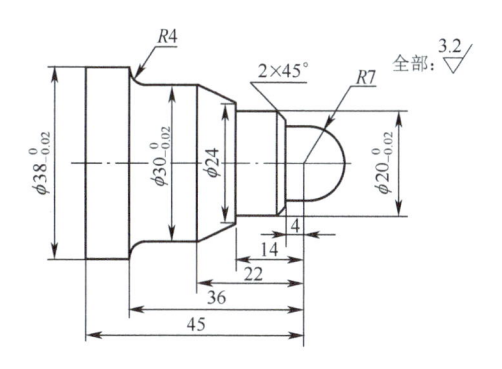

图 2-44 技能训练（4）图

5．毛坯为 ϕ40mm 的塑料棒，试车削成如图 2-45 所示零件。

6．毛坯为 ϕ60mm 的塑料棒，试车削成如图 2-46 所示零件。

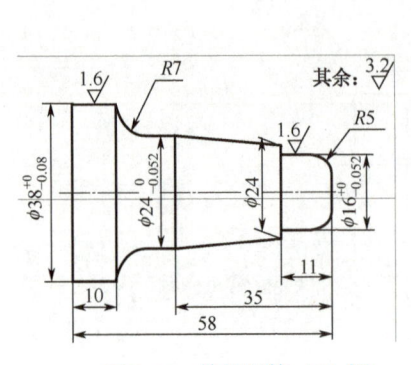

图 2-45　技能训练（5）图

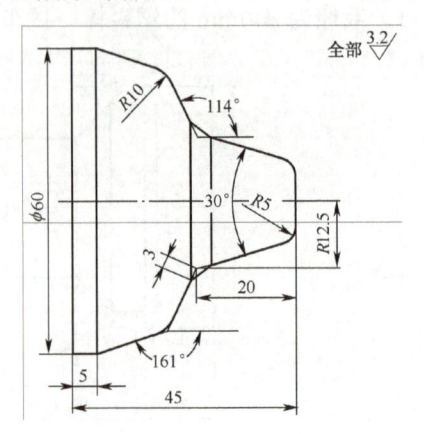

图 2-46　技能训练（6）图

7．毛坯为 ϕ40mm 的塑料棒，试车削成如图 2-47 所示零件。

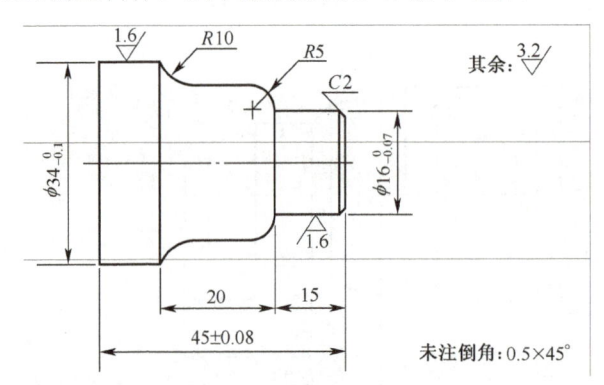

图 2-47　技能训练（7）图

8．毛坯为 ϕ42mm 的塑料棒，试车削成如图 2-48 所示零件。

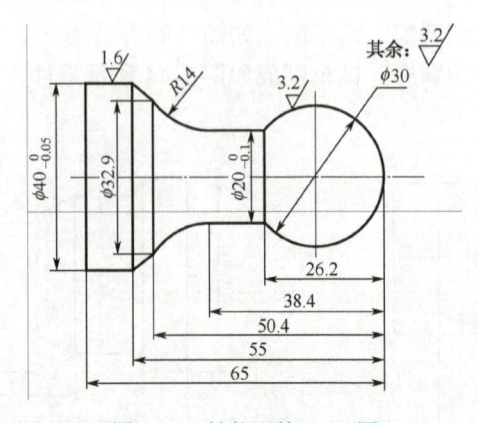

图 2-48　技能训练（8）图

9．毛坯为 ϕ42mm 的塑料棒，试车削成如图 2-49 所示零件。

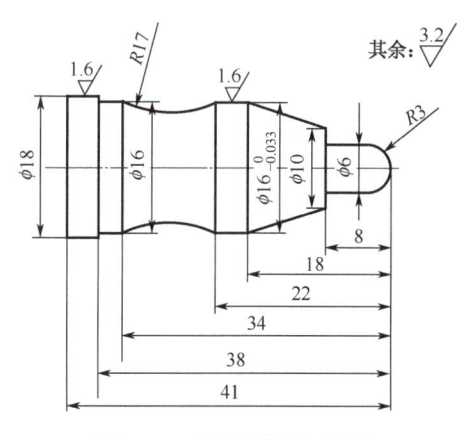

图 2-49　技能训练（9）图

10．毛坯为图 2-44 双点画线的铸铁，设 $a_p \leqslant 1.5$，试车削成如图 2-50 中实线所示零件。
11．毛坯为 $\phi200mm$ 的塑料棒，试选择加工的机床并车削成如图 2-51 所示零件。

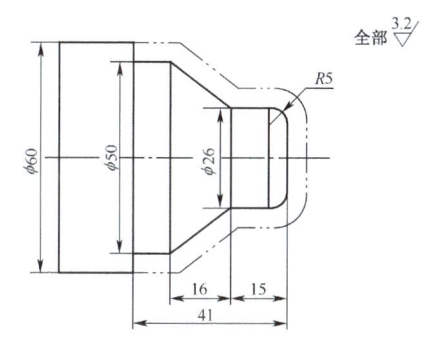

图 2-50　技能训练（10）图 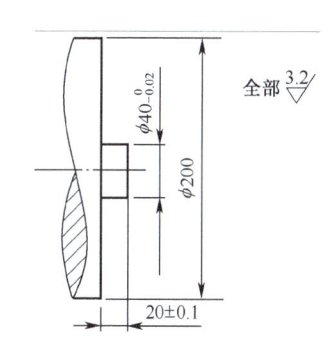　　　　图 2-51　技能训练（11）图

12．毛坯为 $\phi50mm$ 的塑料棒，试车削成如图 2-52 所示零件。
13．毛坯为 $\phi52mm$ 的塑料棒，试车削成如图 2-53 所示零件。

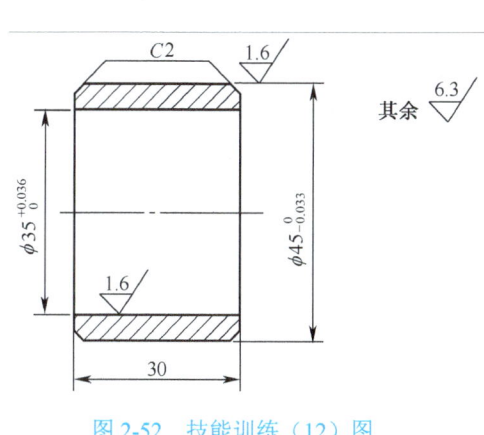

图 2-52　技能训练（12）图 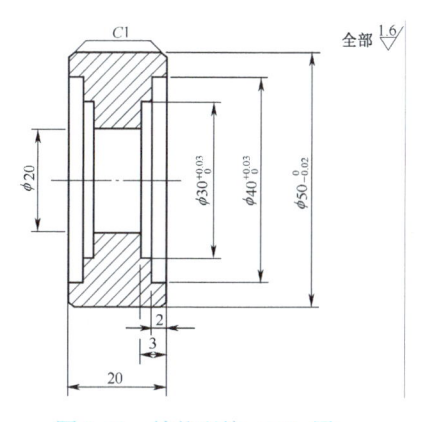　　　　图 2-53　技能训练（13）图

14．毛坯为 $\phi50mm$ 的塑料棒，试车削成如图 2-54 所示零件。
15．毛坯为 $\phi85mm$ 的塑料棒，试车削成如图 2-55 所示零件。

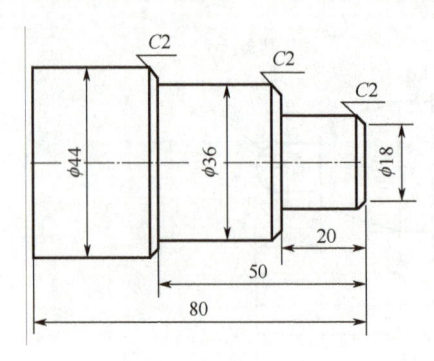

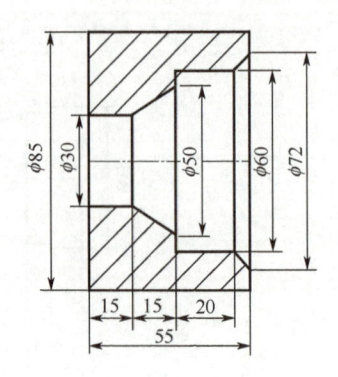

图 2-54　技能训练（14）图　　　　图 2-55　技能训练（15）图

16. 毛坯为 ϕ100mm 的塑料棒，试车削成如图 2-56 所示零件。

17. 毛坯为 ϕ100mm 的塑料棒，试车削成如图 2-57 所示零件。

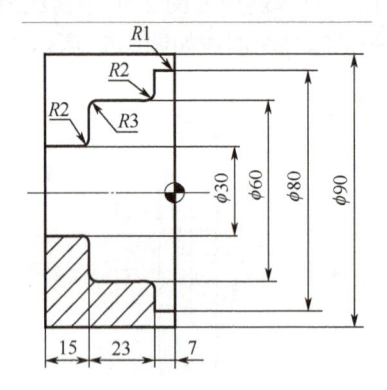

图 2-56　技能训练（16）图　　　　图 2-57　技能训练（17）图

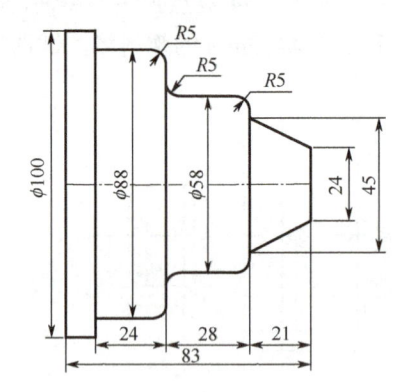

18. 毛坯为 ϕ150mm 的塑料棒，试车削成如图 2-58 所示零件。

19. 毛坯为 ϕ104mm 的塑料棒，试车削成如图 2-59 所示零件。（内沟槽和内螺纹略）

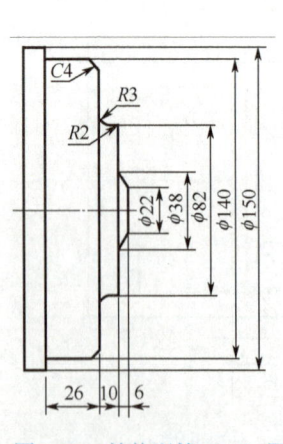

图 2-58　技能训练（18）图　　　　图 2-59　技能训练（19）图

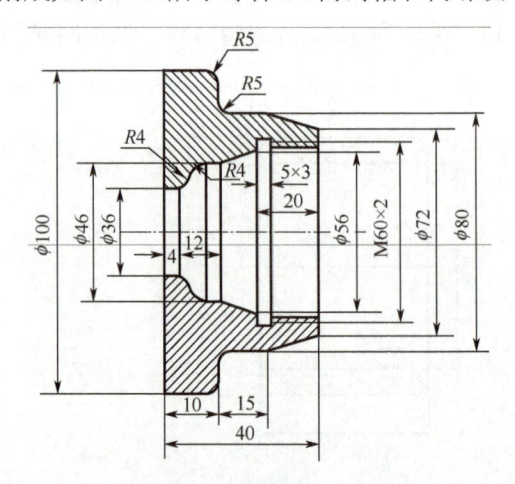

20. 毛坯为 ϕ30mm 的塑料棒，试车削成如图 2-60 所示零件。

21. 毛坯为 ϕ30mm 的塑料棒，试车削成如图 2-61 所示零件。

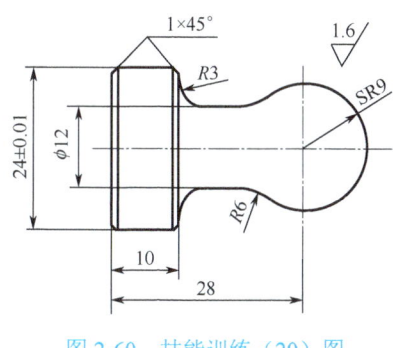

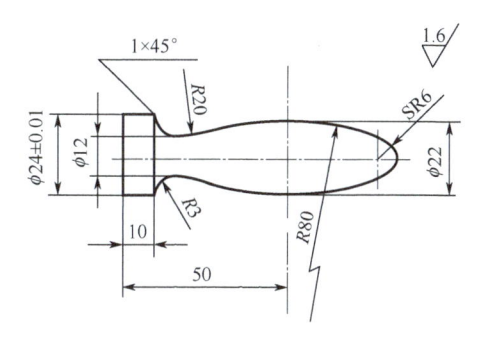

图 2-60　技能训练（20）图　　　图 2-61　技能训练（21）图

22. 毛坯为 ϕ54mm 的塑料棒，试车削成如图 2-62 所示零件。
23. 毛坯为 ϕ64mm 的塑料棒，试车削成如图 2-63 所示零件。

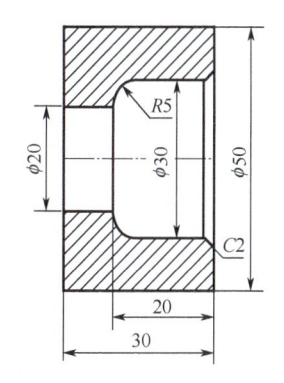

图 2-62　技能训练（22）图　　　图 2-63　技能训练（23）图

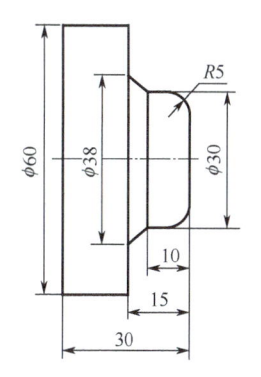

24. 毛坯为 ϕ60mm 的塑料棒，试车削成如图 2-64 所示零件。

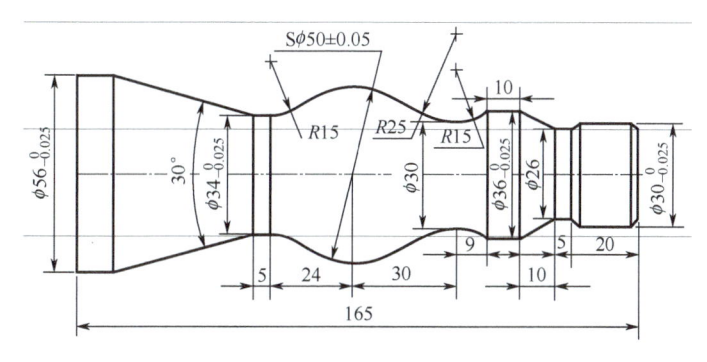

图 2-64　技能训练（24）图

25. 毛坯为 ϕ20mm 的塑料棒，试车削成如图 2-65 所示零件。

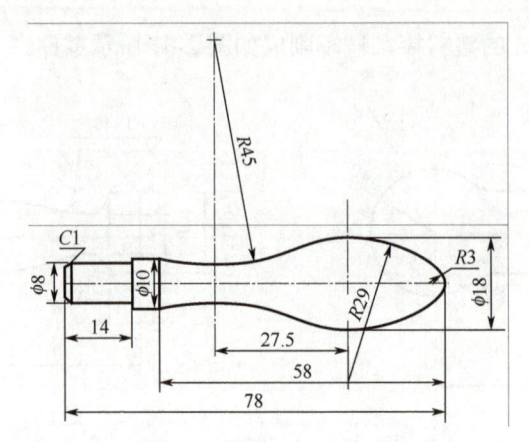

图 2-65 技能训练（25）图

26. 毛坯为 ϕ82m 的塑料棒，试车削成如图 2-66 所示零件。

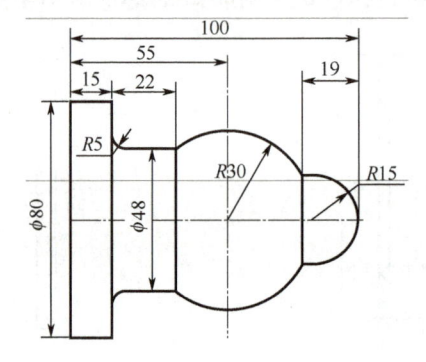

图 2-66 技能训练（26）图

项目三

槽的车削

项目基本技能

【技能应用一】G01 和 G04 指令的使用

毛坯为 φ40mm 的塑料棒,试使用 G01 和 G04 指令车削成如图 3-1 所示零件。

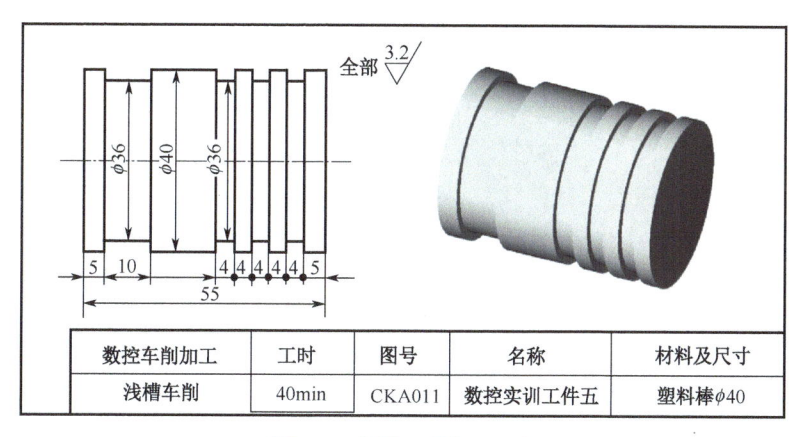

图 3-1　浅槽工件加工示例

一、装夹工件和刀具

1．定位并夹紧工件

通过分析可知,零件轮廓是由宽窄不同的浅沟槽组成。由于工件外形规则,长度较短,用三爪自定心卡盘装夹毛坯。装夹时将毛坯伸出 65mm 左右。

2．安装切槽刀

使用刀宽为 4mm 的切槽刀车削工件,因此,首先将该车刀安装到刀架的 3#刀位。安装切槽刀时,首先要保证切槽刀的主切削刃与车床的回转轴线在同一高度;车削外沟槽时切槽刀的切削刃与回转轴线平行,如图 3-2 所示。

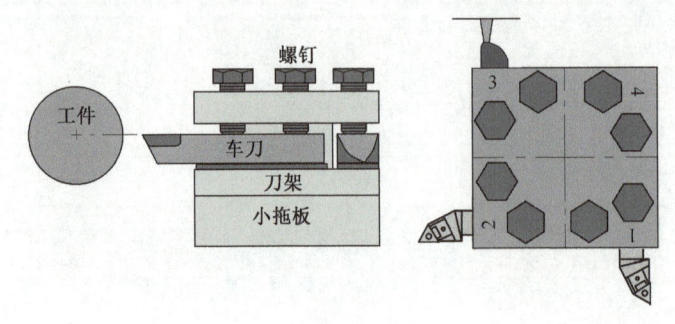

图 3-2　切槽刀的安装

二、对刀操作

1. 切槽刀的刀位点

切槽及切断选用切刀，切刀有左右两个刀尖及切削中心处 3 个刀位点，在编写程序时采用其中一个作为刀位点，一般常采用刀位点 1，以方便对刀，如图 3-3 所示。

2. 切槽刀对刀

（1）将机床置于手动模式，将 3#切槽刀置于当前刀位，开启主轴，移动刀位点靠近工件。

（2）将机床置于手摇模式，将 3#切槽刀的刀位点 1 碰工件的右端面，如图 3-4（a）所示。

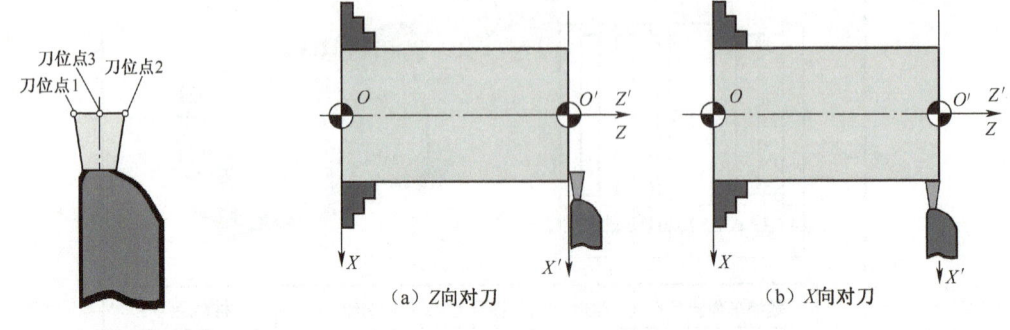

图 3-3　切槽刀的刀位点

图 3-4　切槽刀的对刀

（3）在"OFS/SET/补正/形状"中将光标移动到番号 003#的 Z 坐标处，键入"Z0"，按下软键"测量"，则光标所在的位置显示出切槽刀的 Z 方向的刀长补偿值。

（4）将机床置于手摇模式，将 3#切槽刀的刀位点 1 碰工件的外圆柱面，如图 3-4（b）所示。

（5）停车，测量出外圆的直径**.**。

（6）在"OFS/SET/补正/形状"中将光标移动到番号 003#的 X 坐标处，键入"X**.**"，按下软键"测量"，在光标所在的位置显示出切槽刀的 X 方向的刀长补偿值。

（7）切槽刀对刀完成。

三、编写并输入程序

将机床置于编辑模式，在编辑模式输入并编辑程序。参考程序（毛坯ϕ40×85）如表 3-1 所示。

表 3-1　数控实训工件五的参考程序

程序号：O0011		
程 序 段 号	程 序 内 容	说　　明
N10	G54 G99 G40；	设置坐标偏移、工作环境
N20	T0303；	换切槽刀（4mm 刀宽），调用刀补
N30	S300 M03；	开启主轴
N40	G00 X42.0 Z−9.0；	快速定位到起刀点
N50	G01 X36.0 F0.08；	切槽
N60	G04 X0.5；	光整槽底
N70	G01 X42.0 F0.08；	退刀
N80	G00 W−8.0；	快速定位
N90	G01 X36.0 F0.08；	切槽
N100	G04 U0.5；	光整槽底
N110	G01 X42.0 F0.08；	退刀
N120	G00 W−8.0；	快速定位
N130	G01 X36.0 F0.08；	切槽
N140	G04 P500；	光整槽底
N150	G01 X42.0 F0.08；	退刀
N160	G00 W−19.1；	快速定位
N170	G01 X36.2 F0.08；	切槽
N180	X42.0；	退刀
N190	G00 W−3.5；	快速定位
N200	G01 X36.2 F0.08；	切槽
N210	X42.0；	退刀
N220	G00 W−2.3；	快速定位
N230	G01 X36.2 F0.08；	切槽
N240	X42.0；	退刀
N250	G00 W−0.1；	快速定位
N260	G01 X36.0 F0.08；	精车槽侧
N270	W6.0；	光整槽底
N280	X42.0；	精车槽侧
N290	G00 X80.0 Z100.0；	返回换刀点
N300	M30；	程序结束

四、加工工件并检测

（1）将机床置于自动运行模式。

（2）调出要加工的程序并将光标移动至程序的开始。

(3)按下"循环启动"按钮。

(4)加工过程中,用眼睛观察刀尖运动轨迹,左手控制倍率调整旋钮,右手控制循环启动和进给保持按钮。

(5)程序执行结束,使用游标卡尺测量槽的深度和宽度是否在公差带范围之内,对于窄槽,槽宽已经由刀宽决定,可更换刀具满足窄槽宽度的需要,对于宽槽,可通过调整程序保证加工的尺寸精度。

【技能应用二】G75 和 G74 指令的使用

毛坯为 ϕ40mm 的塑料棒,试使用 G75 和 G74 指令车削成如图 3-5 所示零件。

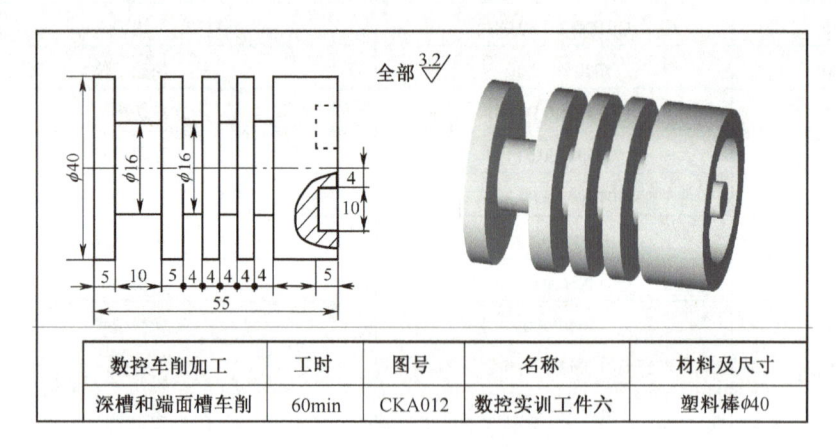

图 3-5 深槽和端面槽工件加工示例

一、装夹工件和刀具

1. 定位并夹紧工件

通过分析可知,零件轮廓是由宽窄不同的深沟槽和端面槽组成。由于工件外形规则,长度较短,用三爪自定心卡盘装夹毛坯。装夹时将毛坯伸出 65mm 左右。

2. 安装切槽刀

使用刀宽为 4mm 的切断刀车削深槽,首先将该车刀安装到刀架的 3#刀位。安装切槽刀时,首先要保证切槽刀的主切削刃与车床的回转轴线在同一高度;车削外沟槽的切断刀的切削刃与回转轴线平行。使用刀宽为 4mm 的切槽刀车削端面槽,将该车刀安装到刀架的 4#刀位,如图 3-6 所示。车削端面槽的切槽刀的切削刃与回转轴线垂直,其后面应磨成圆弧形,以防与槽壁发生摩擦。

二、对刀操作

(1)对 3#切断刀进行对刀操作,设定工件坐标系并建立 3#刀的刀长补偿。

(2)对 4#切槽刀进行对刀操作,建立 4#刀的刀长补偿。

① 将机床置于手动模式,将 4#切槽刀置于当前刀位,开启主轴,移动刀位点靠近工件。

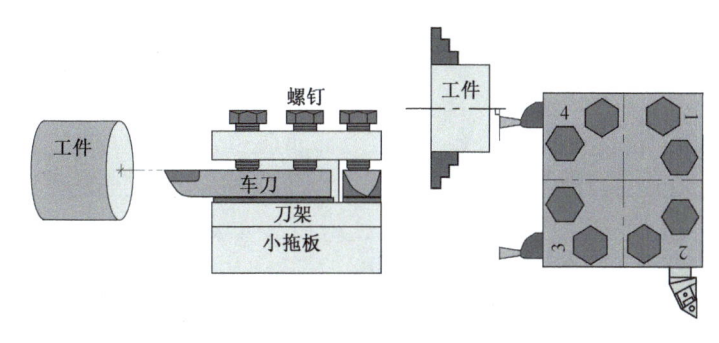

图 3-6 端面切槽刀的安装

② 将机床置于手摇模式，将 4#切槽刀的刀位点 2 碰工件的右端面，如图 3-7（a）所示。

③ 在"OFS/SET/补正/形状"中将光标移动到番号 004#的 Z 坐标处，键入"Z0"，按下软键"测量"，则光标所在的位置显示出切槽刀的 Z 方向的刀长补偿值。

④ 将机床置于手摇模式，将 4#切槽刀的刀位点 2 碰工件的外圆柱面，如图 3-7（b）所示。

⑤ 停车，测量出外圆的直径**.**。

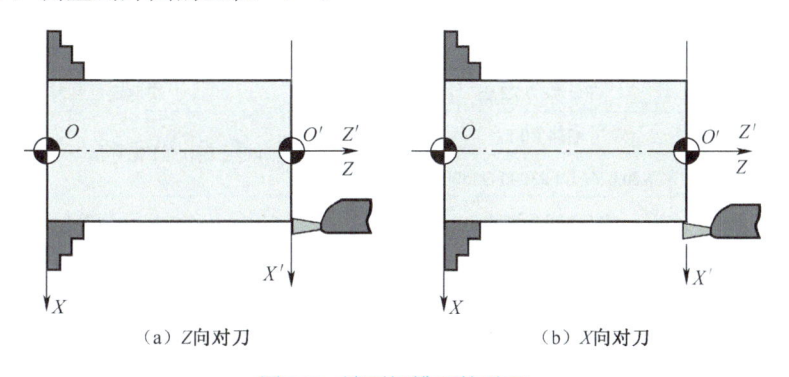

(a) Z向对刀　　　　(b) X向对刀

图 3-7 端面切槽刀的对刀

⑥ 在"OFS/SET/补正/形状"中将光标移动到番号 004#的 X 坐标处，键入"X**.**"，按下软键"测量"，在光标所在的位置显示出切槽刀的 X 方向的刀长补偿值。

⑦ 端面切槽刀对刀完成。

三、编写并输入程序

将机床置于编辑模式，在编辑模式输入并编辑程序。参考程序（毛坯ϕ40×65）如表 3-2 所示。

表 3-2 数控实训工件六的参考程序

程序号：O0012		
程序段号	程序内容	说　明
N10	G54 G99 G40;	设置坐标偏移、工作环境
N20	T0303;	换切断刀（4mm 刀宽），调用刀补
N30	S300 M03;	开启主轴

续表

程序号：O0011		
程序段号	程序内容	说　明
N40	G00 X42.0 Z-19.0;	快速定位到起刀点
N50	G75 R0.5;	内/外径切槽循环指令，切削间隔的3个窄槽
N60	G75 X16.0 Z-35.0 P3000 Q8000 F0.1;	
N70	G00 W-25.1;	快速定位
N80	G75 R0.5;	内/外径切槽循环指令，切削一个宽槽
N90	G75 X16.2 Z-49.9 P3000 Q3500 F0.15;	
N100	G00 W0.1;	快速定位
N110	G01 X16.0 F0.1;	精车槽侧
N120	W-6.0;	光整槽底
N130	X42.0;	精车槽侧
N140	G00 X80.0 Z100.0;	返回换刀点
N150	M00;	程序暂停
N160	T0404;	换切槽刀（4mm刀宽），调用刀补
N170	S260 M03;	开启主轴
N180	G00 X8.0 Z2.0;	快速定位到起刀点
N190	G74 R0.5;	端面深孔加工循环指令，切削1个端面槽
N200	G74 X20.0 Z-5.0 P3000 Q3500 F0.15;	
N210	G00 X80.0 Z100.0;	返回换刀点
N220	M30;	程序结束

四、加工工件并检测

（1）将机床置于自动运行模式。

（2）调出要加工的程序并将光标移动至程序的开始。

（3）按下"循环启动"按钮。

（4）加工过程中，用眼睛观察刀尖运动轨迹，左手控制倍率调整旋钮，右手控制循环启动和进给保持按钮。

（5）程序执行结束，使用游标卡尺测量外沟槽和端面槽的尺寸是否符合加工要求。

【技能应用三】G72 和 G70 指令的使用

毛坯为 ϕ40mm 的塑料棒，试使用 G72 和 G70 指令车削成如图 3-8 所示零件。

一、装夹工件和刀具

1. 定位并夹紧工件

通过分析可知，零件轮廓是由一个呈现单减的复杂槽组成。由于工件外形规则，长度较短，用三爪自定心卡盘装夹毛坯。装夹时将毛坯伸出 50mm 左右。

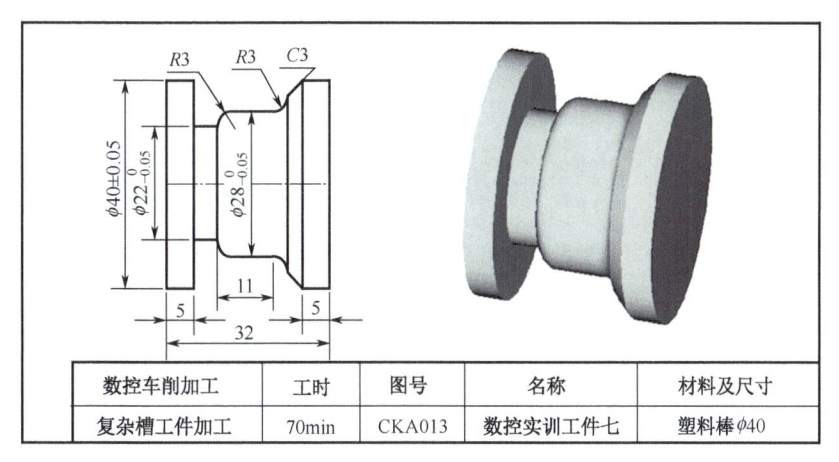

图 3-8 复杂槽工件加工示例

数控车削加工	工时	图号	名称	材料及尺寸
复杂槽工件加工	70min	CKA013	数控实训工件七	塑料棒 $\phi 40$

2．安装切槽刀

使用刀宽为 4mm 的切断刀车削深槽，将该车刀安装到刀架的 3#刀位。安装切断刀时，要保证切断刀的主切削刃与车床的回转轴线在同一高度；切削刃与回转轴线平行。

二、对刀操作

（1）将机床置于手动模式，将 3#切槽刀置于当前刀位，开启主轴，移动刀位点靠近工件。

（2）将机床置于手摇模式，将 3#切槽刀的刀位点 1 碰工件的右端面，如图 3-9（a）所示。

（3）在"OFS/SET/补正/形状"中将光标移动到番号 003#的 Z 坐标处，键入"Z4"（编程中以刀位点 2 为切槽刀车削的刀位点），按下软键"测量"，则光标所在的位置显示出切槽刀的 Z 方向的刀长补偿值。

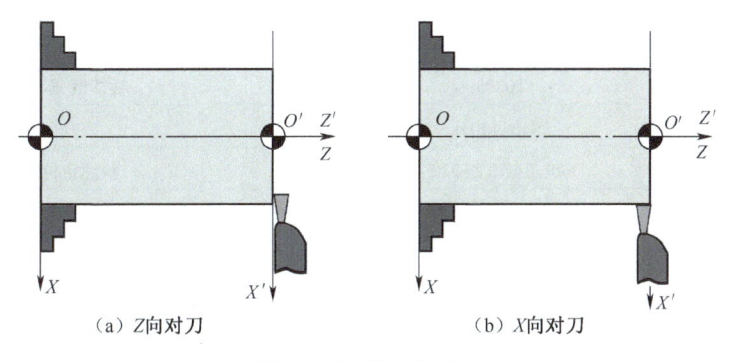

(a) Z 向对刀　　(b) X 向对刀

图 3-9 切槽刀的对刀

（4）将机床置于手摇模式，将 3#切槽刀的刀位点 1 碰工件的外圆柱面，如图 3-9（b）所示。

（5）停车，测量出外圆的直径**.**。

（6）在"OFS/SET/补正/形状"中将光标移动到番号003#的X坐标处，键入"X**.**"，按下软键"测量"，在光标所在的位置显示出切槽刀的X方向的刀长补偿值。

（7）切槽刀对刀完成。

三、编写并输入程序

将机床置于编辑模式，在编辑模式输入并编辑程序。参考程序（毛坯$\phi 40 \times 65$）如表3-3所示。

表3-3 数控实训工件七的参考程序

程序号：O0013		
程序段号	程序内容	说明
N10	G54 G99 G40；	设置坐标偏移
N20	T0303；	换切槽刀，调用刀补
N30	S300 M03；	开启主轴
N40	G00 X42.0 Z−22.0；	快速定位到起刀点
N50	G75 R0.5；	车削退刀槽
N60	G75 X21.975 Z−23.0 P3000 Q2500 F0.1；	
N70	G00 W−0.5；	快速定位
N80	G72 W3.0 R0.5；	端面粗车循环
N90	G72 P100 Q150 U0.5 W−0.1 F0.1；	
N100	G42 G00 W17.5；	精车程序描述
N110	G01 X33.975 W−4.0 F0.1；	
N120	G02 X27.975 W−3.0 R3.0；	
N130	G01 W−8.0；	
N140	G03 X21.975 W−3.0 R3.0；	
N150	G40 G01 W−0.5；	
N160	G00 X80.0 Z100.0；	返回换刀点
N170	M00；	程序暂停
N180	T0303；	换切槽刀，调用刀补
N190	S400 M03；	开启主轴
N200	G00 X42.0 Z−22.5；	快速定位到起刀点
N210	G70 P100 Q150；	精车左端轮廓
N220	G00 X80.0 Z100.0；	返回换刀点
N230	M30；	程序结束，返回程序开始

四、加工工件并检测

（1）将机床置于自动运行模式。

（2）调出要加工的程序并将光标移动至程序的开始。

（3）按下"循环启动"按钮。

（4）加工过程中，用眼睛观察刀尖运动轨迹，左手控制倍率调整旋钮，右手控制循环启动和进给保持按钮。

（5）程序执行结束，使用游标卡尺测量复杂沟槽的尺寸是否符合加工要求。

【技能应用四】M98 和 M99 的使用

毛坯为 ϕ50 塑料棒，试使用 M98 和 M99 车削成如图 3-10 所示零件。

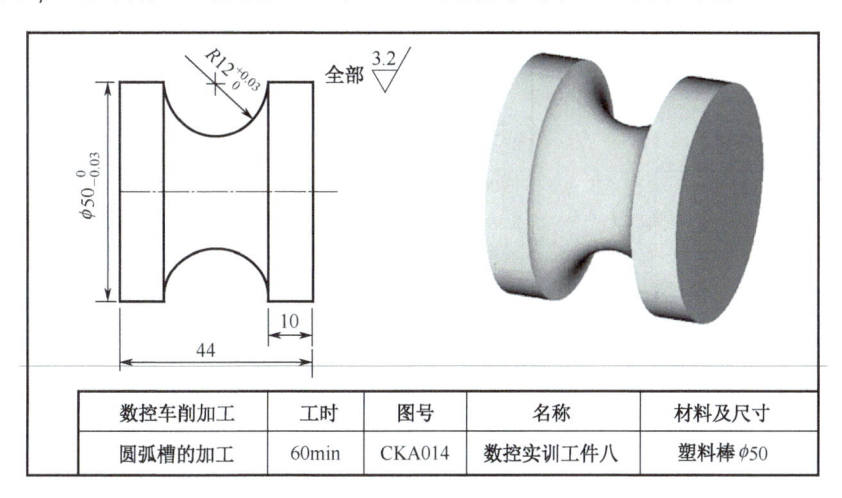

图 3-10　外圆工件加工示例

一、装夹工件和刀具

1. 定位并装夹工件

通过分析可知，零件轮廓是圆弧构成。用三爪自定心卡盘装夹毛坯。装夹时将毛坯伸出 60mm 左右。

2. 安装圆弧刀

使用硬质合金圆弧车刀粗、精车工件，将该圆弧车刀安装到刀架的 4#刀位。注意事项和操作步骤已经前述，如图 3-11 所示。

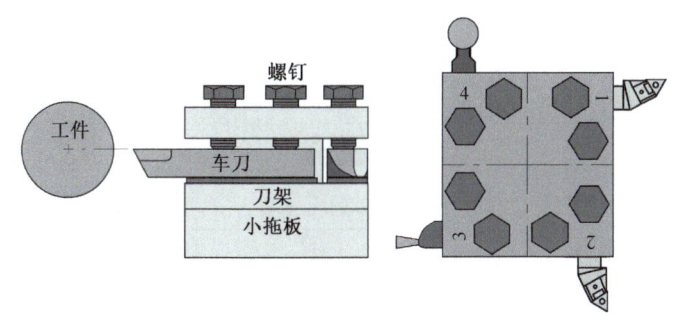

图 3-11　圆弧刀的安装

二、圆弧刀的对刀操作

1. Z 向对刀（假定 R =6.0mm）

车端面，保持 Z 方向不动将车刀沿+X 方向退刀。沿路径"OFS/SET/补正/形状"打开刀长补偿的设置界面，将光标移动至番号 G004 的 Z 坐标处，键入"Z6.0"，再按下软键"测量"，在光标所在的位置显示出 Z 方向的刀长补偿值，如图 3-12 所示。

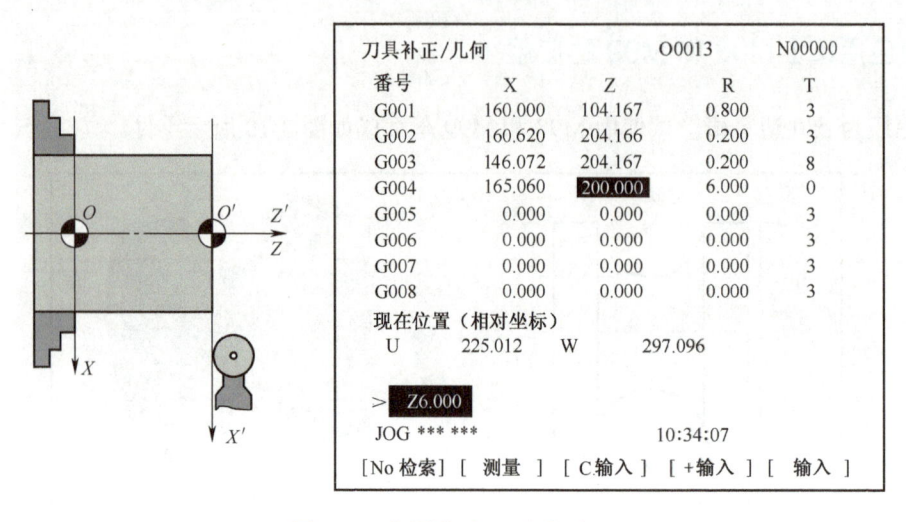

```
刀具补正/几何                    O0013    N00000
番号         X          Z          R        T
G001      160.000    104.167    0.800      3
G002      160.620    204.166    0.200      3
G003      146.072    204.167    0.200      8
G004      165.060    200.000    6.000      0
G005        0.000      0.000    0.000      3
G006        0.000      0.000    0.000      3
G007        0.000      0.000    0.000      3
G008        0.000      0.000    0.000      3
现在位置（相对坐标）
     U    225.012    W    297.096

> Z6.000
JOG *** ***                          10:34:07
[No 检索] [ 测量 ] [ C.输入 ] [ +输入 ] [ 输入 ]
```

图 3-12　车削端面，Z 方向对刀

2．X 向对刀（假定 R =6.0mm）

车外圆，保持 X 方向不动将车刀沿+Z 方向退刀。停车，用千分尺测量出所车外圆的直径**.**（假定直径为 40mm），沿路径"OFS/SET/补正/形状"打开刀长补偿的设置界面，将光标移动至番号 G004 的 X 坐标处，键入"X52.0"，再按下软键"测量"，在光标所在的位置显示出 X 方向的刀长补偿值，如图 3-13 所示。

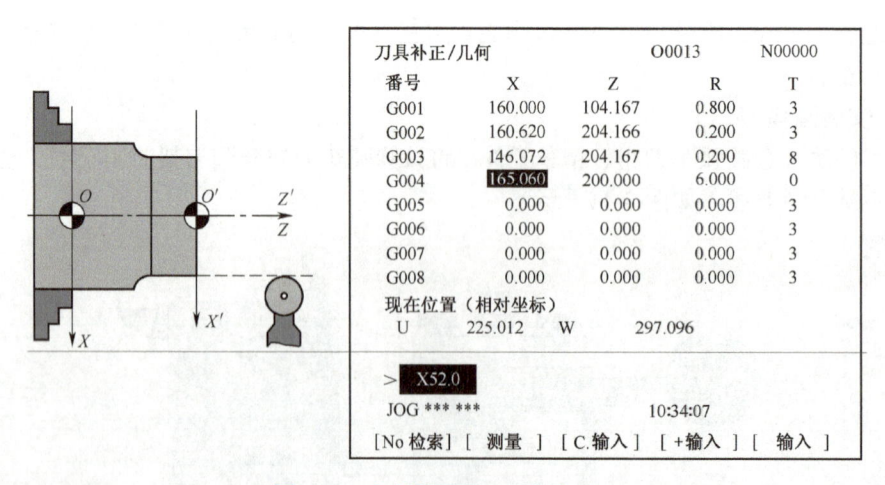

```
刀具补正/几何                    O0013    N00000
番号         X          Z          R        T
G001      160.000    104.167    0.800      3
G002      160.620    204.166    0.200      3
G003      146.072    204.167    0.200      8
G004      165.060    200.000    6.000      3
G005        0.000      0.000    0.000      3
G006        0.000      0.000    0.000      3
G007        0.000      0.000    0.000      3
G008        0.000      0.000    0.000      3
现在位置（相对坐标）
     U    225.012    W    297.096

> X52.0
JOG *** ***                          10:34:07
[No 检索] [ 测量 ] [ C.输入 ] [ +输入 ] [ 输入 ]
```

图 3-13　车削外圆面，X 方向对刀

三、编写并输入程序

将机床置于编辑模式，在编辑模式输入并编辑程序。参考程序（毛坯ϕ50×80）如表 3-4 及表 3-5 所示。

表3-4　数控实训工件八的参考程序

程序号：O0013		
程序段号	程序内容	说　　明
N10	G54 G99 G40;	设置坐标偏移
N20	T0404;	换圆弧刀
N30	S300 M03;	开启主轴
N40	G00 X74.5 Z-22.0;	快速定位
N50	M98 P60100;（或 M98 P0100 L6;）	切圆弧槽
N60	G00 U3.5 S700;	快速定位，提高主轴转速
N70	M98 P0100;	精车圆弧槽
N80	G00 X74.0;	退刀
N90	X80.0 Z100.0;	返回换刀点
N100	M30;	程序结束

表3-5　数控实训工件八的子程序

程序号：O0100		
程序段号	程序内容	说　　明
N10	G01 U-4.0 F0.08;	快速定位
N20	W6.0;	进刀车削
N30	G02 W-12.0 R6.0;	车削圆弧
N40	G00 W6.0;	快速定位
N50	M99;	子程序结束，返回主程序

四、加工工件并检测

（1）将机床置于自动运行模式。

（2）调出要加工的程序并将光标移动至程序的开始。

（3）按下"循环启动"按钮。

（4）加工过程中，用眼睛观察刀尖运动轨迹，左手控制倍率调整旋钮，右手控制循环启动和进给保持按钮。

（5）程序执行结束，使用圆弧规测量工件是否符合加工要求。

项目基本知识

【知识链接一】基本指令 G04

G04 指令格式：G04 X（U）__;　　X（U）为暂停时间，单位为s。
　　　　　　　G04 P　 ;　　　　P 为暂停时间，单位为ms。

说明：进给暂停，用于平整槽底。

【知识链接二】循环指令 G75、G74 和 G72

1. 内/外径切槽循环指令 G75

指令格式：G75 Re；
　　　　　G75 X(U)__ Z(W)__ PΔi　QΔk　RΔd　Ff；

其中，e 为每次沿 X 方向的退刀量，半径值；

Δi 为 X 方向的每次循环移动量（半径值，无符号，单位：μm）；

Δk 为 Z 方向的每次循环移动量（无符号，单位：μm）；

Δd 为切削到终点时 Z 方向的退刀量，通常不指定时为 0；

f 为加工时的进给量。

走刀路线如图 3-14 所示。

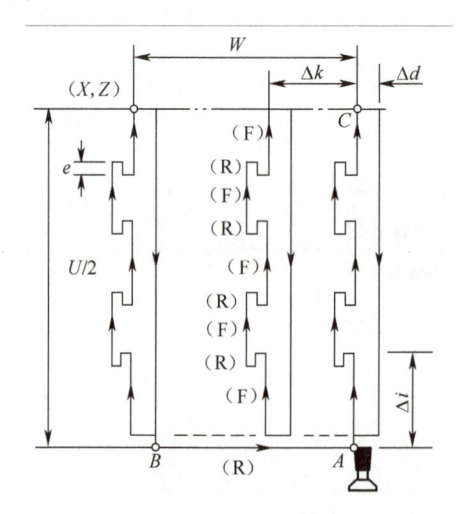

图 3-14　内/外径切槽循环

说明：

a. 终点坐标决定进刀方向，车削循环结束后，刀具返回起刀点 A。

b. 可以实现 X 轴向切深槽或切断。Δk 小于切槽刀的刀宽时，可以切宽槽，Δk 大于切槽刀的刀宽时，可以切等间距的窄槽；Δk 为 0 时加工一个窄槽。

c. G75 指令中刀具有 4 种进刀方向。进刀方向由终点坐标确定。

2. 端面深孔加工循环指令 G74

指令格式：G74 Re；
　　　　　G74 X(U)__ Z(W)__ PΔi　QΔk　RΔd　Ff；

其中，e 为每次沿 Z 方向的退刀量；

Δi 为 X 方向的每次循环移动量（半径值，无符号，单位：μm）；

Δk 为 Z 方向的每次循环移动量（无符号，单位：μm）；

Δd 为切削到终点时 X 方向的退刀量，通常不指定时为 0；

f 为加工时的进给量。

走刀路线如图 3-15 所示。

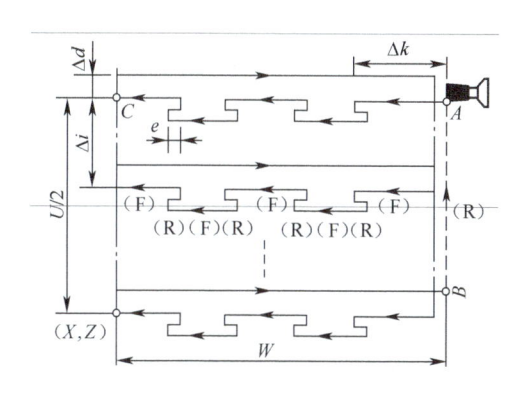

图 3-15　端面深孔加工循环

说明：

a．终点坐标决定进刀方向，车削循环结束后刀具返回起刀点 A。

b．可以实现 Z 轴向切端面槽或钻深孔。Δi 小于切槽刀的刀宽时，可以切宽槽；Δi 大于切槽刀的刀宽时，可以切等间距的连续窄槽；Δi 为 0 且 X 为 0 时可以用麻花钻钻一个深孔。

c．G74 指令中刀具也有 4 种进刀方向，不再赘述。

3．径向粗车循环指令 G72

指令格式：G72 WΔd Re

　　　　　G72 Pns　Qnf　UΔu　WΔw　Ff；

其中，Δd 为 Z 方向上的背吃刀量，一般 45#钢件取 1～2mm，铝件取 1.5～3mm。使用切槽刀时取值小于刀宽 1mm。

　　　　e 为 Z 方向上的退刀量，一般取 0.5～1mm。

　　　　ns 为精加工路线的第一个程序段的段号。

　　　　nf 为精加工路线的最后一个程序段的段号。

　　　　Δu 为 X 方向上的精加工余量，（直径值）一般取 0.5mm。内轮廓时取负值。

　　　　Δw 为 Z 方向上的精加工余量，一般取 0.05～0.1mm。

　　　　f 为粗加工时的进给量。

走刀路线如图 3-16 所示。

说明：

a．粗车循环结束后刀具返回起刀点。

b．进给量 F 粗车循环指令 G72 执行期间有效，轮廓描述中给定的进给量无效。

c．用于盘类工件的轮廓线为单增或单减情形下的粗加工。

d．G72 有 4 种切削方式，刀具总是平行于 X 轴移动粗车工件，如图 3-17 所示。

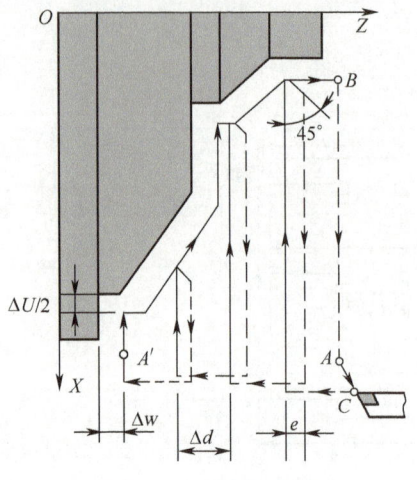

图 3-16　径向粗车循环

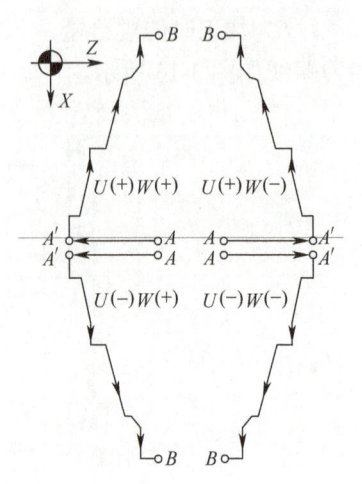

图 3-17　G72 的 4 种切削方式

【知识链接三】子程序的调用 M98 和返回 M99

1．子程序的定义

在被加工零件中，如果出现大小、形状完全相同的几何轮廓，在编制加工程序时由于走刀路径完全相同而被编制成完全相同的重复的程序段。这些完全相同的程序段使程序的结构变得复杂，占用了很大的存储器空间。为简化程序结构，减少不必要的重复编程，提高存储空间的有效利用率，常常将这些描述相同轮廓的程序段编成单独的固定的程序，并单独命名。这组单独的程序段就称为子程序。

2．子程序的调用 M98 和返回 M99

指令格式：M98 P**** L****；或 M98 P**** ****；

式中，M98 为子程序调用字；

L 为子程序重复调用次数，L 省略时为调用一次。

P 后面前 4 位为重复调用次数，省略时为调用一次；后 4 位为子程序名。

在主程序中，通过 M98 指令进行子程序的调用，最多可以调用 9999 次。在多次调用子程序时，一定要在子程序中考虑通过增量实现 Z 方向的定位。

子程序的结束通过 M99 返回主程序。子程序的程序名、程序段结构和主程序的相同，编辑方法相同，如图 3-18 所示。从主程序调用子程序的执行顺序如图 3-19 所示。

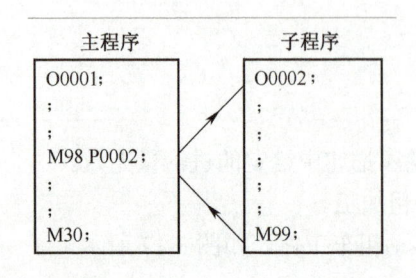

主程序	子程序
O0001	O0002；
；	；
；	；
M98 P0002	；
；	；
M30；	M99

图 3-18　子程序的结构

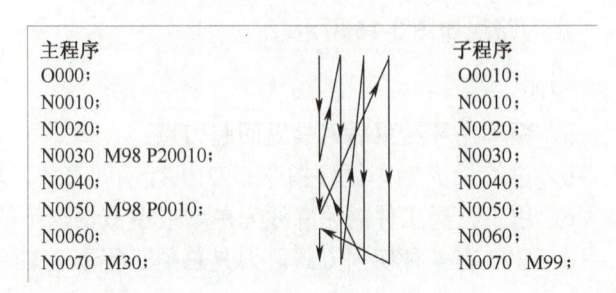

主程序		子程序
O0000；		O0010；
N0010；		N0010；
N0020；		N0020；
N0030　M98 P20010；		N0030；
N0040；		N0040；
N0050　M98 P0010；		N0050；
N0060；		N0060；
N0070　M30；		N0070　M99；

图 3-19　调用子程序时的执行顺序

3．子程序的嵌套

子程序可以被主程序调用，被调用的子程序也可以调用自己的子程序，称为嵌套。在 FANUC 系统中子程序的嵌套不能超过 4 级，如图 3-20 所示。

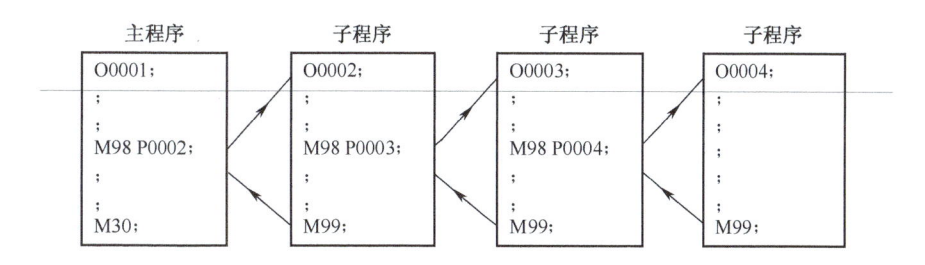

图 3-20　子程序的嵌套

【知识链接四】凸、凹圆弧表面余量的去除方法

1．粗加工去除凸圆弧表面余量

（1）直线法

要把圆弧 ABC 以外的毛坯去掉，计算简单时采用直线走刀的方式。如图 3-21（a）所示，该方法要计算靠近圆弧轮廓的直线，不能过切，计算比较麻烦，也可采用图 3-21（b）的走刀方法。

（2）圆弧法

要把圆弧 ABC 以外的毛坯去掉，也可以采用圆弧走刀的方式。如图 3-22 所示，该方法按照圆弧轮廓走刀，基点坐标计算方便，但空走刀行程长。

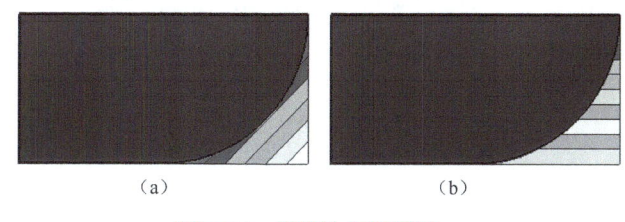

图 3-21　直线法车削圆弧

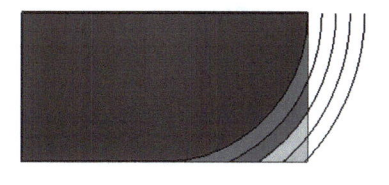

图 3-22　圆弧法车削圆弧

2．粗加工去除凹圆弧表面余量

（1）等径圆弧法车削圆弧

等径圆弧车削即等径不同心的车削方法，每车削一刀，向 -X 方向进一个 a_p。编程时数值计算简单，但是走刀路线较长，切削量不均匀，如图 3-23 所示。

等径圆弧车削时在不同的位置切削点也不相同。圆弧刀的半个圆弧都可以作为切削点使用，在编程中经常使用圆弧刀的圆心进行编程。根据图纸和加工工艺确定圆心的运动轨迹，使用相关的插补指令编写出相应的加工程序，这种编程的方式称为圆心轨迹编程。使用圆心轨迹编程时圆心轨迹同车削轮廓相比偏移了一个半径，因此需要根据图纸计算出圆心运动的轨迹，不再使用刀尖半径补偿指令。

（2）同心圆弧法车削圆弧

同心圆弧车削即不等径同心的车削方法。编程时走刀路线短，切削量均匀，如图 3-24 所示。

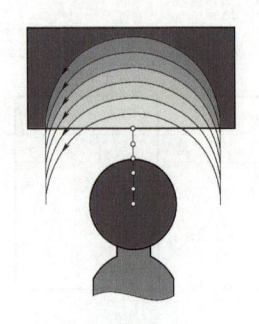

图 3-23　等径圆弧法车削圆弧 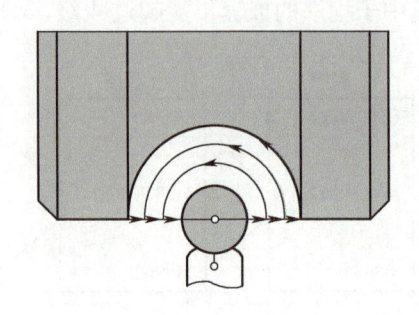　　　图 3-24　同心圆弧法车削圆弧

（3）梯形法车削圆弧

梯形法车削即用车刀走梯形的方法车削去除圆弧余量，如图 3-25 所示。其特点是：切削力分布合理，切削率最高。

（4）三角形法车削圆弧

三角形法车削即用三角形走刀的方法去除圆弧余量，如图 3-26 所示。其特点是：走刀路线较同心圆弧形式长，但比梯形、等径圆弧形式短。

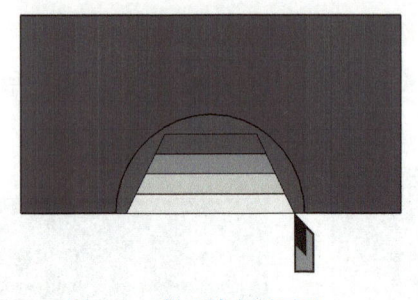

图 3-25　梯形法车削圆弧 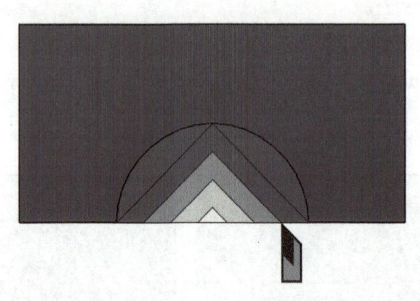　　　图 3-26　三角形法车削圆弧

项目综合训练

【综合训练一】车削深槽轴类工件

毛坯尺寸 ϕ42mm 的棒料，材料为塑料棒，试车削成如图 3-27 所示零件。

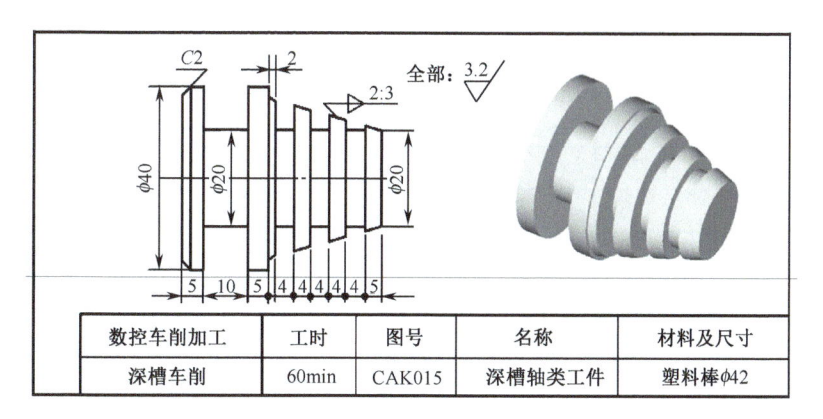

图 3-27　锥面工件加工

一、分析加工工艺

_____
_____
_____
_____
_____
_____
_____

在表 3-6 中填写起刀点、换刀点和各基点坐标。

表 3-6　起刀点、换刀点和各基点坐标

基　点	X 坐 标 值	Z 坐 标 值	基　点	X 坐 标 值	Z 坐 标 值
O			E		
A			F		
B			G		
C			H		
D			I		

二、编写加工技术文件

1. 工序卡（由读者根据图纸编写工序卡，填写表 3-7）

表 3-7　深槽工件的工序卡

材料	塑料棒	产品名称或代号	零件名称	零件图号
		CKA015	深槽工件	CKA015
工序号	程序编号	夹具名称	使用设备	车间
001	O0015	三爪自定心卡盘		数控实习车间

续表

工步号	工步内容	刀具号	刀具规格 $b \times h$(mm×mm)	主轴转速 n(r/min)	进给量 f(mm/r)	背吃刀量 a_p(mm)	备注
1							
2							
3							
编制		批准		日期		共1页	第1页

2. 刀具卡（由读者根据工序卡编写刀具卡，填写表3-8）

表3-8 深槽工件的刀具卡

产品名称或代号	CKA015	零件名称		深槽工件		零件图号	CKA015
序号	刀具号	刀具名称	数量	加工表面	刀尖半径 R(mm)	刀尖方位 T	备注
1							
2							
3							
编制		批准		日期		共1页	第1页

3. 编写程序（毛坯 $\phi 42 \times 80$，由读者根据图纸和工序卡编写程序，填写于表3-9中）

表3-9 深槽工件的程序

程序号：O0015		
程序段号	程序内容	说明
N10		
N20		
N30		
N40		
N50		
N60		
N70		
N80		
N90		
N100		
N110		
N120		
N130		
N140		

续表

程序号：O0015		
程 序 段 号	程 序 内 容	说　明
N150		
N160		
N170		
N180		
N190		
N200		
N210		
N220		
N230		
N240		
N250		
N260		
N270		
N280		
N290		
N300		
N310		
N320		
N330		
N340		
N350		
N360		
N370		
N380		
N390		
N400		
N410		
N420		

【综合训练二】车削 V 形槽工件

毛坯为 ϕ72mm 的塑料棒，试车削成如图 3-28 所示零件。

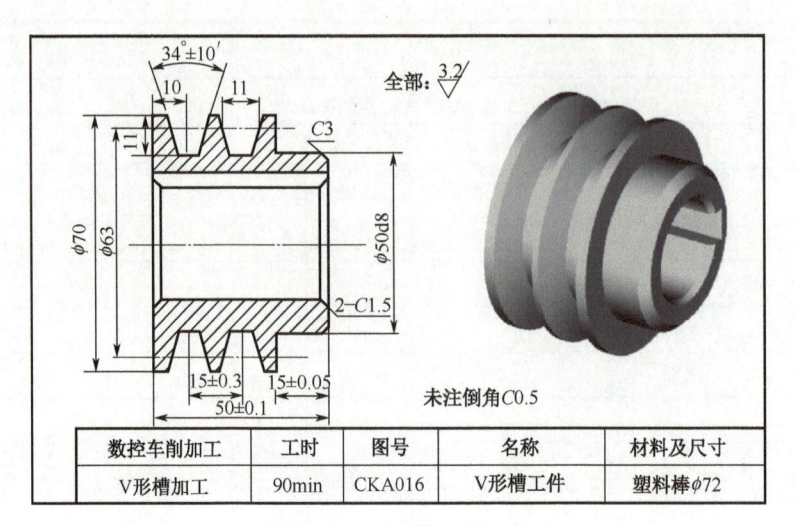

图 3-28 V形槽工件加工

一、分析加工工艺

在表 3-10 中填写起刀点、换刀点和各基点坐标。

表 3-10 起刀点、换刀点和各基点坐标

基 点	X 坐 标 值	Z 坐 标 值	基 点	X 坐 标 值	Z 坐 标 值
O			E		
A			F		
B			G		
C			H		
D			I		

二、编写加工技术文件

1. 工序卡（由读者根据图纸编写工序卡，填写表 3-11）

表 3-11 V形槽工件的工序卡

材料	塑料棒	产品名称或代号		零件名称		零件图号	
		CKA016		V形槽工件		CKA016	
工序号	程序编号	夹具名称		使用设备		车间	
001	O0016	三爪自定心卡盘				数控实习车间	

续表

工步号	工步内容	刀具号	刀具规格 b×h(mm×mm)	主轴转速 n(r/min)	进给量 f(mm/r)	背吃刀量 a_p(mm)	备注
1							
2							
3							
编制		批准		日期		共1页	第1页

2. 刀具卡（由读者根据工序卡编写刀具卡，填写表 3-12）

表 3-12　V形槽工件的刀具卡

产品名称或代号	CKA016	零件名称		V形槽工件		零件图号	CKA016
序号	刀具号	刀具名称	数量	加工表面	刀尖半径 R（mm）	刀尖方位 T	备注
1							
2							
3							
编制		批准		日期		共1页	第1页

3. 编写程序（毛坯 ϕ72×50，由读者根据图纸和工序卡编写程序，填写于表 3-13 及表 3-14 中）

表 3-13　V形槽工件的程序

程序号：O0016		
程序段号	程序内容	说　明
N10		
N20		
N30		
N40		
N50		
N60		
N70		
N80		
N90		
N100		
N110		
N120		
N130		
N140		
N150		

续表

程序号：O0016

程序段号	程序内容	说　明
N160		
N170		
N180		
N190		
N200		
N210		
N220		
N230		
N240		
N250		
N260		
N270		
N280		
N290		
N300		
N310		

表 3-14　V 形槽工件的子程序

程序号：

程序段号	程序内容	说　明
N10		
N20		
N30		
N40		
N50		
N60		
N70		
N80		
N90		
N100		
N110		
N120		
N130		
N140		

【综合训练三】车削手柄工件

毛坯为 $\phi 42$mm 的塑料棒，试车削成如图 3-29 所示零件。

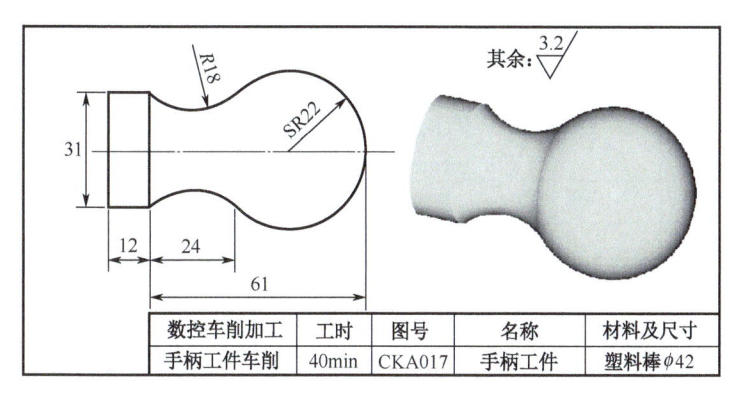

图 3-29 手柄的加工

一、分析加工工艺

_____
_____
_____
_____
_____
_____
_____
_____
_____
_____

在表 3-15 中填写起刀点、换刀点和各基点坐标。

表 3-15 起刀点、换刀点和各基点坐标

基 点	X 坐 标 值	Z 坐 标 值	基 点	X 坐 标 值	Z 坐 标 值
O			E		
A			F		
B			G		
C			H		
D			I		

二、编写加工技术文件

1. 工序卡（由读者根据图纸编写工序卡，填写表 3-16）

表 3-16　手柄工件的工序卡

材料	塑料棒	产品名称或代号		零件名称		零件图号	
		CKA017		手柄工件		CKA017	
工序号	程序编号	夹具名称		使用设备		车间	
001	O0017	三爪自定心卡盘				数控实习车间	
工步号	工步内容	刀具号	刀具规格 b×h(mm×mm)	主轴转速 n(r/min)	进给量 f(mm/r)	背吃刀量 a_p(mm)	备注
1							
2							
3							
编制		批准		日期		共1页	第1页

2．刀具卡（由读者根据工序卡编写刀具卡，填写表 3-17）

表 3-17　手柄工件的刀具卡

产品名称或代号	CKA017	零件名称		手柄工件	零件图号	CKA017
序号	刀具号	刀具名称	数量	加工表面	刀尖半径 R(mm)	刀尖方位 T	备注
1							
2							
3							
编制		批准		日期		共1页	第1页

3．编写程序（毛坯 ϕ42×120，由读者根据图纸和工序卡编写程序，填写于表 3-18 中）

表 3-18　手柄工件的程序

程序号：O0017		
程序段号	程序内容	说　明
N10		
N20		
N30		
N40		
N50		
N60		
N70		
N80		
N90		
N100		
N110		

续表

程序号：O0017		
程 序 段 号	程 序 内 容	说　　明
N120		
N130		
N140		
N150		
N160		
N170		
N180		
N190		
N200		
N210		
N220		
N230		
N240		
N250		
N260		
N270		
N280		
N290		
N300		

【技能训练】

1. 毛坯为 ϕ50mm 的塑料棒，试使用 G74 指令车削成如图 3-30 所示零件。
2. 毛坯为 ϕ50mm 的塑料棒，试使用子程序的嵌套编辑如图 3-31 所示零件的程序。

图 3-30　技能训练（1）图　　　　图 3-31　技能训练（2）图

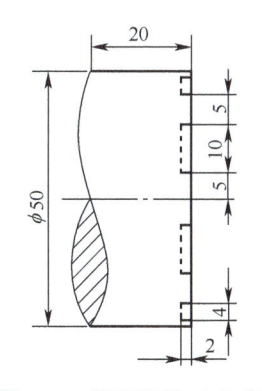

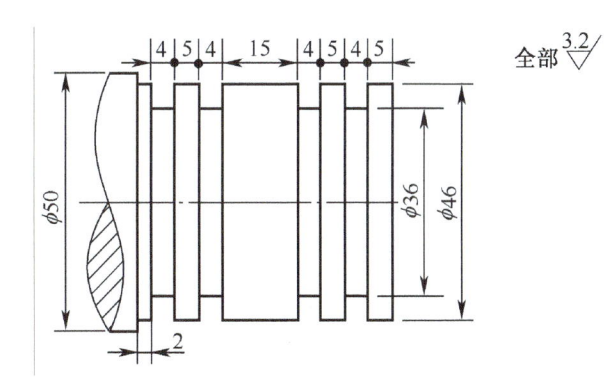

3. 毛坯为 ϕ40mm 的塑料棒，试编辑如图 3-32 所示零件的程序。
4. 毛坯为 ϕ40mm 的塑料棒，试车削加工成如图 3-33 所示工件。

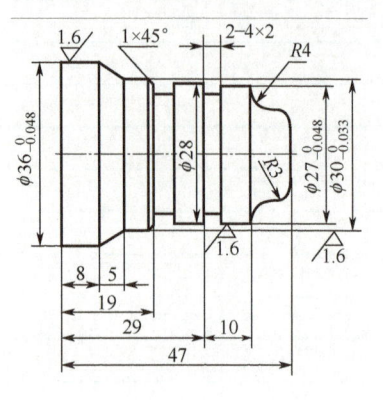

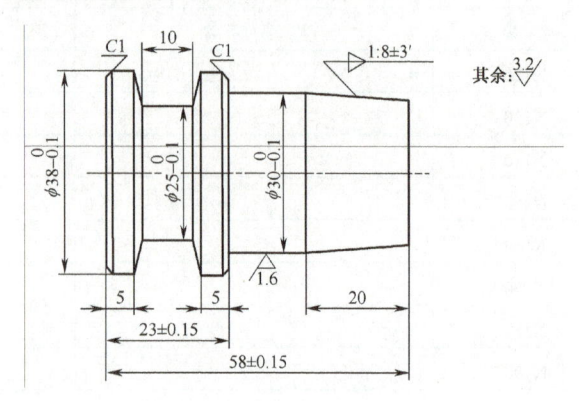

图 3-32　技能训练（3）图

图 3-33　技能训练（4）图

5. 毛坯为 ϕ52mm 的塑料棒，试使用同心圆弧车削的方法车削成如图 3-34 所示零件。
6. 毛坯为 ϕ40mm 的塑料棒，试车削加工成如图 3-35 所示工件。

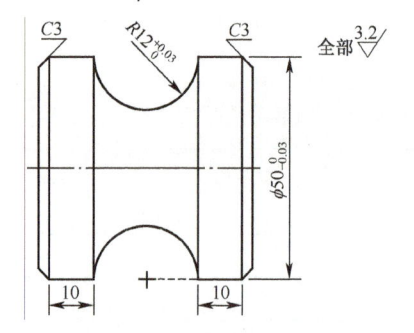

图 3-34　技能训练（5）图

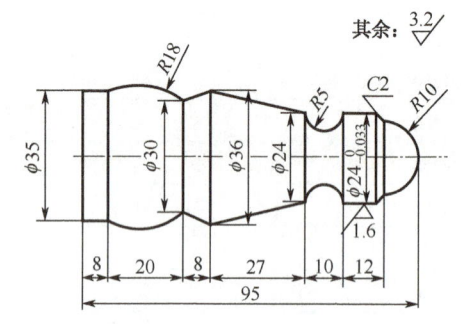

图 3-35　技能训练（6）图

7. 毛坯为 ϕ80mm 的塑料棒，试使用 G72 和 G70 指令车削成如图 3-36 所示零件。
8. 毛坯为 ϕ125mm 的塑料棒，试使用 G73 和 G70 指令车削成如图 3-37 所示零件。

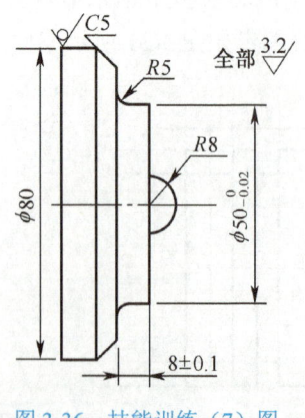

图 3-36　技能训练（7）图

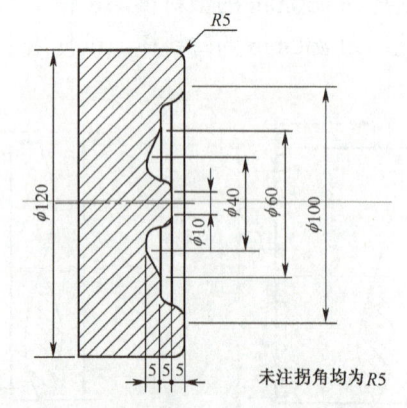

图 3-37　技能训练（8）图

9. 毛坯为 ϕ40mm 的塑料棒，试车削成如图 3-38 所示零件。

10. 毛坯为 ϕ26mm 的塑料棒，试车削成如图 3-39 所示零件。

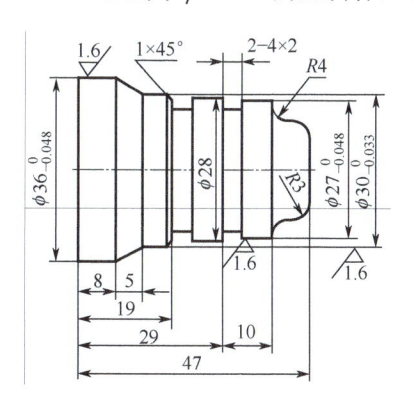

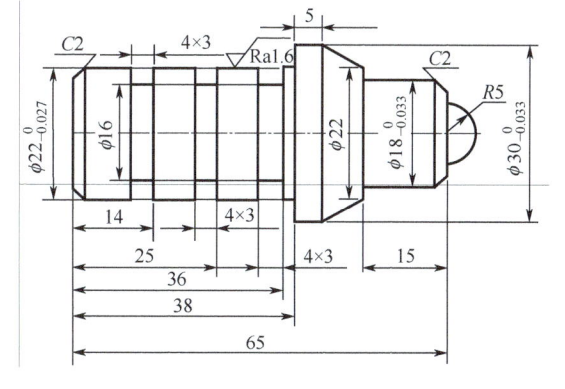

图 3-38　技能训练（9）图

图 3-39　技能训练（10）图

11. 毛坯为 ϕ30mm 的塑料棒，试车削成如图 3-40 所示零件。

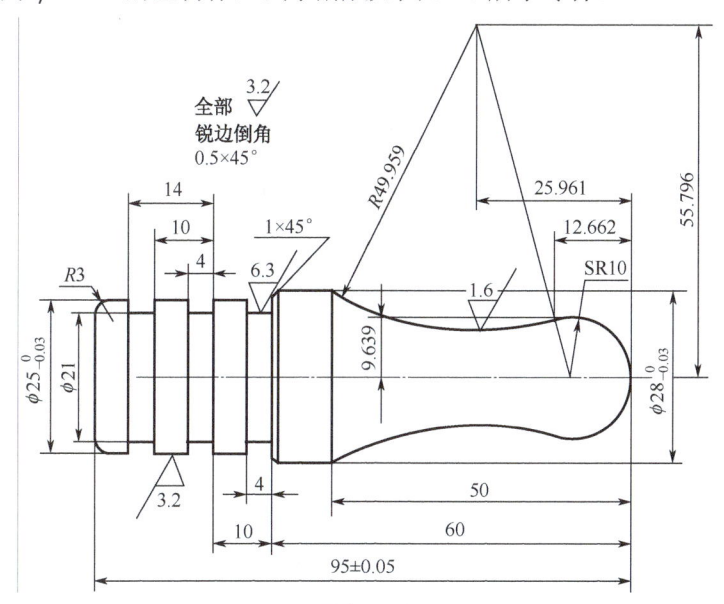

图 3-40　技能训练（11）图

12. 毛坯为 ϕ34mm 的塑料棒，试车削成如图 3-41 所示零件。

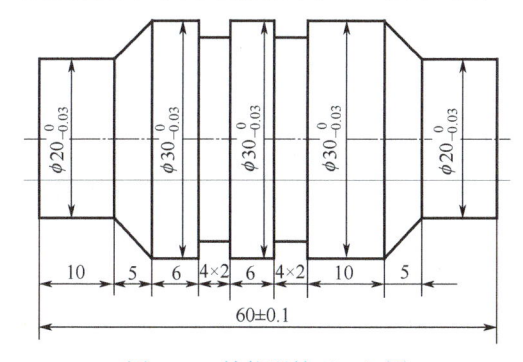

图 3-41　技能训练（12）图

项目四

螺纹的车削

项目基本技能

【技能应用一】G32 指令的使用

毛坯为 ϕ30mm 的塑料棒，试使用 G32 指令车削如图 4-1 所示零件。

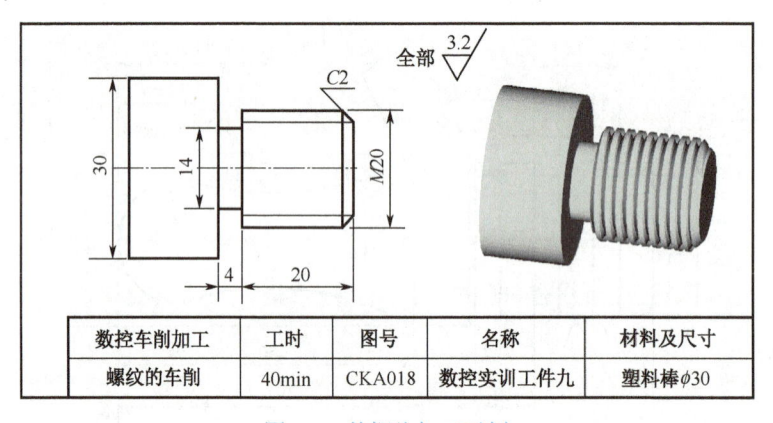

图 4-1　外螺纹加工示例

一、装夹工件和刀具

1. 定位并夹紧工件

通过分析可知，零件轮廓是由 M20 螺纹和退刀槽组成。由于工件外形规则，长度较短，用三爪自定心卡盘装夹毛坯。装夹时将毛坯伸出 45mm 左右。

2. 安装刀具

（1）安装外圆粗车刀、外圆精车刀和切槽刀。

外圆粗车刀安装在 1#刀位，精车刀安装在 2#刀位，切槽刀安装在 3#刀位。

（2）安装外螺纹刀。

车削外螺纹使用的是外螺纹车刀，选择车刀注意其牙型角与所加工螺纹一致。现将该车刀安装到刀架的 4#刀位。安装螺纹刀时，首先要保证刀尖与车床的回转轴线等高。螺纹刀的刀尖角的角平分线与回转轴线垂直，可以使用对刀样板装刀。刀头伸出不要过长，一一般为刀杆厚度的 1.5 倍左右，如图 4-2 所示。

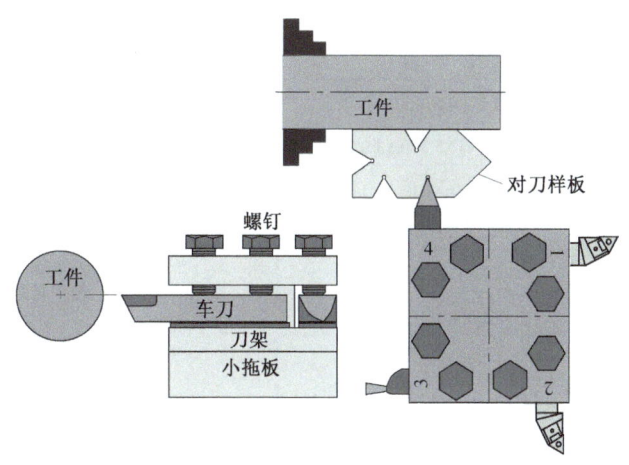

图 4-2 螺纹刀的安装

二、对刀操作

首先试切对 1#刀，然后用碰外圆和端面的方法对 2#和 3#刀，最后对螺纹刀。对螺纹刀时，将螺纹刀在手轮模式下移动到图 4-3 中的位置 A，然后再在 OFS/SET、补正/形状界面的对应番号下，输入 X**.**（**.**为#1 刀试切时的外圆直径），然后按下"测量"软键；移动光标位置，再输入 Z0.0，按下"测量"软键，对刀完成。螺纹刀 Z 方向对刀不很严格。

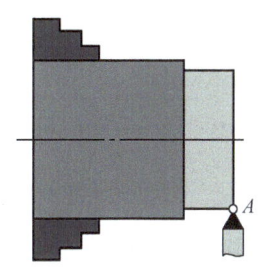

图 4-3 外螺纹的对刀

三、编写并输入程序

将机床置于编辑模式，在编辑模式输入并编辑程序。参考程序（毛坯$\phi30\times65$）如表 4-1 所示。

表 4-1 数控实训工件九的参考程序

程序号：O0018	
程 序 段 号	程 序 内 容	说　　明
N10	G54 G99 G40；	设置坐标偏移
N20	T0101；	换刀，调用刀补
N30	M42；	变换挡位
N40	S400 M03；	开启主轴
N50	G00 X32.0 Z2.0 M08；	快速定位到起刀点

续表

程序段号	程序内容	说　明
程序号：O0018		
N60	G71 U2.0 R0.5;	粗车循环指令
N70	G71 P80 Q130 U0.5 W0.1 F0.25;	
N80	G42 G00 X0.0;	精车轮廓描述
N90	G01 Z0.0 F0.1;	
N100	X19.8 C-2.0;	
N110	Z-24.0;	
N120	X30.0;	
N130	G40 G01 X32.0;	
N140	G00 X80.0 Z100.0 M09;	返回换刀点，关闭冷却液
N150	M00;	程序暂停
N160	T0202;	换精车刀，调用刀补
N170	S800 M03;	开启主轴
N180	G00 X38.0 Z2.0;	快速定位到起刀点
N190	G70 P80 Q130;	精车循环指令
N200	G00 X80.0 Z100.0;	返回换刀点
N210	M00;	程序暂停
N220	T0303;	换切槽刀，调用刀补
N230	S300 M03;	开启主轴
N240	G00 X34.0 Z-24.0;	快速定位到起刀点
N250	G01 X14.0 F0.08;	进刀车槽
N260	G04 X0.5;	光整槽底
N270	G01 X34.0 F0.08;	退刀
N280	G00 X80.0 Z100.0;	返回换刀点
N290	M00;	程序暂停
N300	G55 T0404;	换螺纹刀
N310	S400 M03;	开启主轴
N320	G00 X22.0 Z4.0;	定位于螺纹的起刀点
N330	X19.1;	进刀
N340	G32 Z-22.0 F2.0;	车削外圆螺纹第一刀
N350	G00 X22.0;	X方向退刀
N360	Z4.0;	Z方向返回
N370	X18.5;	进刀
N380	G32 Z-22.0 F2.0;	车削外圆螺纹第二刀
N390	G00 X22.0;	X方向退刀
N400	Z4.0;	Z方向返回

续表

程序段号	程序内容	说　　明
程序号：O0018		
N410	X17.9；	进刀
N420	G32 Z−22.0 F2.0；	车削外圆螺纹第三刀
N430	G00 X22.0；	X方向退刀
N440	Z4.0；	Z方向返回
N450	X17.5；	进刀
N460	G32 Z−22.0 F2.0；	车削外圆螺纹第四刀
N470	G00 X22.0；	X方向退刀
N480	Z4.0；	Z方向返回
N490	X17.4；	进刀
N500	G32 Z−22.0 F2.0；	车削外圆螺纹第五刀
N510	G00 X22.0；	X方向退刀
N520	Z4.0；	Z方向返回
N530	X17.4；	进刀
N540	G32 Z−22.0 F2.0；	光整一刀
N550	G00 X22.0；	X方向退刀
N560	X80.0 Z100.0；	返回换刀点
N570	M30；	程序结束

四、加工工件并检测

（1）将机床置于自动运行模式。

（2）调出要加工的程序并将光标移动至程序的开始。

（3）按下"循环启动"按钮。

（4）加工过程中，用眼睛观察刀尖运动轨迹，左手控制倍率调整旋钮，右手控制循环启动和进给保持按钮。

（5）切槽程序执行结束，将 G55 中 X 的预置值设置为 0.2。

（6）执行螺纹加工程序，粗加工螺纹。螺纹车削过程中，倍率旋钮无效。

（7）使用螺纹千分尺测量螺纹中径。

（8）将实测的螺纹中径同应该的螺纹中径进行比较，根据误差修正 G55 中 X 的偏置值。

（9）在编辑模式将光标调整到螺纹车削程序的开始。

（10）再次执行螺纹加工程序，精加工螺纹。

【技能应用二】G92 指令的使用

毛坯为 ϕ40mm 的塑料棒，试使用 G92 指令车削如图 4-4 所示零件。（ϕ20 内孔已经加工完成，外轮廓不予加工）

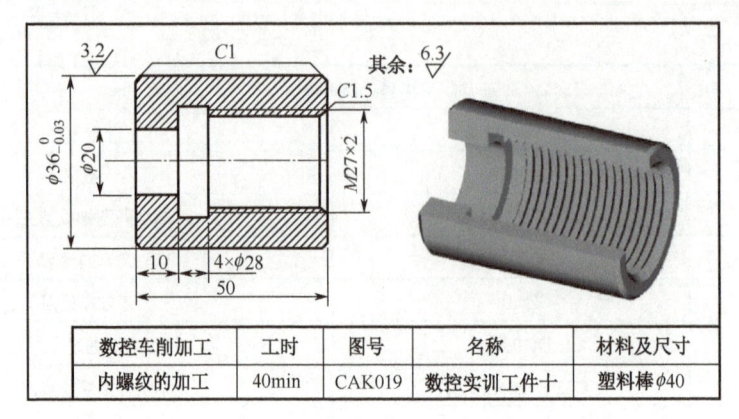

图 4-4 内螺纹工件加工示例

一、装夹工件和刀具

1. 定位并夹紧工件

通过分析可知,零件轮廓是由 M 27 螺纹和退刀槽等组成。由于工件外形规则,长度较短,用三爪自定心卡盘装夹毛坯。装夹时将毛坯伸出 55mm 左右。

2. 安装镗孔刀、内沟槽刀和内螺纹刀

(1) 安装镗孔刀

镗孔刀安装在 1#刀位。刀杆伸出刀架处的长度应尽可能短,一般比被加工孔长 5~6mm 为宜,以增加刚性,避免因刀杆弯曲变形,而使孔产生锥形误差;刀尖与工件中心等高或稍高,以减少振动和扎刀现象,防止镗刀下部碰坏孔壁,造成孔径扩大,影响加工精度;刀杆基本平行于工件的回转轴线,以防止车削到一定深度时刀杆后半部碰坏已加工表面。

(2) 安装内沟槽刀

内沟槽刀安装在 2#刀位。应保证刀头伸出长度大于槽深,但刀柄伸出也不要过长,以免加工中出现震动;内沟槽刀的主切削刃与回转轴线应保持平行;刀尖应与内孔轴线等高或略高 0.01d (d 为工件加工内槽的直径)。

(3) 安装内螺纹刀

车削内螺纹使用的是内螺纹车刀,选择车刀注意其牙型角与所加工螺纹一致。现将该车刀安装到刀架的 3#刀位。安装螺纹刀时,首先要保证刀尖与车床的回转轴线等高。螺纹刀的刀尖角的角平分线与回转轴线垂直,可以使用对刀样板装刀。刀头伸出不要过长,一般为刀杆厚度的 1.5 倍左右,如图 4-5 所示。

二、对刀操作

1. 镗孔刀的对刀

(1) 将镗孔刀的刀位点移动到与端面相切。

(2) 在"OFS/SET/补正/形状"中将光标移动到相应番号 G001 的 Z 坐标处,键入"Z0",按下软键"测量",光标所在的位置即显示出镗孔刀的 Z 方向的刀长补偿值。

(3) 在手轮方式,+Z 方向移动镗孔刀镗削一孔。

(4) 沿-Z 方向镗孔后沿+Z 方向退出镗孔刀,用内径千分尺测量出孔的直径,如图 4-6

（a）所示。

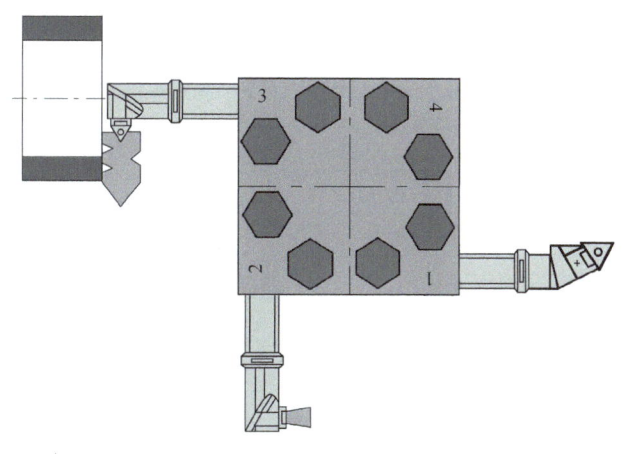

图 4-5　螺纹刀的安装

（5）在"OFS/SET/补正/形状"中将光标移动到相应番号 G001 的 X 坐标处，键入"X**.**"，按下软键"测量"，光标所在的位置即显示出镗孔刀的 X 方向的刀长补偿值。

2．内沟槽刀的对刀

（1）将内沟槽的左刀位点移动到与内径、端面相切，如图 4-6（b）所示。

（2）在"OFS/SET/补正/形状"中将光标移动到相应番号 G002 的 Z 坐标处，键入"Z0"，按下软键"测量"，光标所在的位置即显示出内沟槽刀的 Z 方向的刀长补偿值。

（3）沿+Z 方向退出内沟槽刀，用内径千分尺测量出孔的直径。

（4）在"OFS/SET/补正/形状"中将光标移动到相应番号 G002 的 X 坐标处，键入"X**.**"，按下软键"测量"，光标所在的位置即显示出内沟槽刀的 X 方向的刀长补偿值。

3．内螺纹刀的对刀

（1）将螺纹刀的刀位点移动到与内径、端面相切，如图 4-6（c）所示。

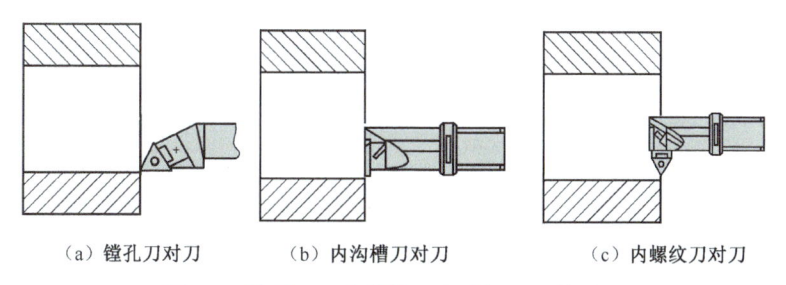

（a）镗孔刀对刀　　（b）内沟槽刀对刀　　（c）内螺纹刀对刀

图 4-6　镗孔刀、内沟槽刀和内螺纹刀的对刀

（2）在"OFS/SET/补正/形状"中将光标移动到相应番号 G003 的 Z 坐标处，键入"Z0"，按下软键"测量"，光标所在的位置即显示出螺纹刀的 Z 方向的刀长补偿值。

（3）沿+Z 方向退出螺纹刀，用内径千分尺测量出孔的直径。

（4）在"OFS/SET/补正/形状"中将光标移动到相应番号 G003 的 X 坐标处，键入"X**.**"，按下软键"测量"，光标所在的位置即显示出螺纹刀的 X 方向的刀长补偿值。

三、编写并输入程序

将机床置于编辑模式，在编辑模式输入并编辑程序。参考程序（毛坯$\phi 40\times 65$）如表 4-2 所示。

表 4-2 数控实训工件十的参考程序

程序段号	程序内容	说　明
程序号：O0019		
N10	G54 G99 G97 G40;	设置坐标偏移
N20	T0101;	换刀，调用刀补
N30	M42;	变换挡位
N40	S600 M03;	开启主轴
N50	G00 X18.0 Z2.0 M08;	快速定位到起刀点
N60	G71 U2.0 R0.5;	粗镗内孔循环指令
N70	G71 P80 Q120 U−0.5 W0.1 F0.25;	
N80	G41 G00 X28.0;	精镗内孔轮廓
N90	G01 Z0.0 F0.1;	
N100	X25.0 Z−1.5;	
N110	Z−40.0;	
N120	G40 G01 X18.0;	
N130	G00 X80.0 Z100.0 M09;	返回换刀点，关闭冷却液
N140	M00;	程序暂停
N150	T0101;	换镗孔刀
N160	S700 M03;	主轴 700r/min
N170	G00 X18.0 Z2.0;	快速定位
N180	G70 P80 Q120;	精镗内孔
N190	G00 X80.0 Z100.0;	返回换刀点
N200	M00;	程序暂停
N210	T0202;	换内沟槽刀
N220	S300 M03;	开启主轴
N230	G00 X18.0 Z4.0;	快速定位
N240	Z−40.0;	Z 方向定位
N250	G01 X28.0 F0.1;	车削
N260	G04 X0.5;	光整槽底
N270	G01 X18.0;	X 方向退刀
N280	G00 Z4.0;	Z 方向退刀
N290	G00 X80.0 Z100.0;	返回换刀点
N300	M00;	程序暂停
N310	G55 T0303;	换内螺纹刀

续表

程序号：O0019		
程 序 段 号	程 序 内 容	说　　明
N320	S400 M03;	开启主轴
N330	G00 X22.0 Z4.0;	快速定位
N340	G92 X25.3 Z−38.0 F2.0;	螺纹车削第一刀
N350	X25.9;	螺纹车削第二刀
N360	X26.5;	螺纹车削第三刀
N370	X26.9;	螺纹车削第四刀
N380	X27.0;	螺纹车削第五刀
N390	X27.0;	光整一刀
N400	G00 X80.0 Z100.0;	返回换刀点
N410	M30;	程序结束

四、加工工件并检测

（1）将机床置于自动运行模式。

（2）调出要加工的程序并将光标移动至程序的开始。

（3）按下"循环启动"按钮。

（4）加工过程中，用眼睛观察刀尖运动轨迹，左手控制倍率调整旋钮，右手控制循环启动和进给保持按钮。

（5）程序执行结束，使用内径千分尺测量内轮廓的尺寸是否符合加工要求。

（6）切槽程序执行结束，将 G55 中 X 的预置值设置为−0.2。

（7）执行螺纹加工程序，粗加工螺纹。螺纹车削过程中，倍率旋钮无效。

（8）使用塞规测量内螺纹。

（9）如果塞规通端不能旋入，修正 G55 中 X 的偏置值。

（10）在编辑模式将光标调整到螺纹车削程序的开始。

（11）再次执行螺纹加工程序，精加工螺纹。

（12）再次使用塞规测量，直至通端能够旋入达到要求的长度，而止端不能有效旋入。

【技能应用三】G76 指令的使用

毛坯为 ϕ30mm 的塑料棒，试使用 G76 指令车削如图 4-7 所示零件。（C2 倒角已加工）

一、装夹工件和刀具

1．定位并夹紧工件

通过分析可知，零件轮廓是由 M 30×3.5 螺纹组成。由于工件外形规则，长度较短，用三爪自定心卡盘装夹毛坯。装夹时将毛坯伸出 50mm 左右。

2．安装螺纹刀

使用 60°螺纹刀车削深槽，将该车刀安装到刀架的 4#刀位。安装螺纹刀时，首先要保证刀尖与车床的回转轴线等高。螺纹刀的刀尖角的角平分线与回转轴线垂直，可以使用对刀样板装刀。刀头伸出不要过长，一般为刀杆厚度的 1.5 倍左右。

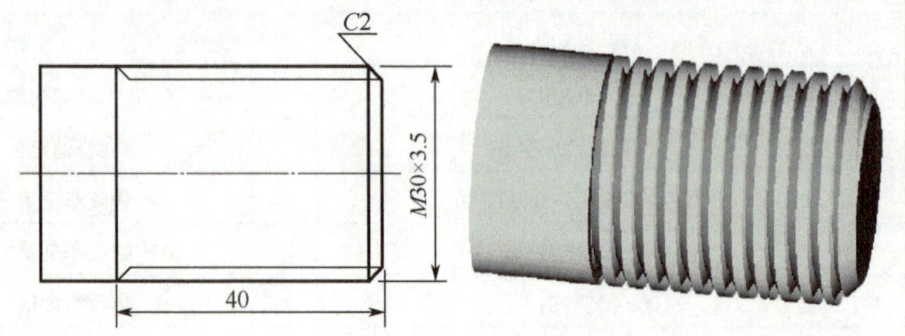

数控车削加工	工时	图号	名称	材料及尺寸
螺纹的车削	30min	CKA020	数控实训工件十一	塑料棒ϕ30

图 4-7　螺纹工件加工示例

二、对刀操作

对刀时，将螺纹刀在手轮模式下移动到图 4-3 中的位置 A，然后再在 OFS/SET、补正/形状界面的对应番号下，输入 X**.**（**.**为#1 刀试切时的外圆直径），然后按下"测量"软键；移动光标位置，再输入 Z0.0，按下"测量"软键，对刀完成。螺纹刀 Z 方向对刀不很严格。

三、编写并输入程序

将机床置于编辑模式，在编辑模式输入并编辑程序。参考程序（毛坯ϕ30×65）见表 4-3。

表 4-3　数控实训工件十一的参考程序

程序号：O0020		
程序段号	程序内容	说　　明
N10	G54 G99 G40；	设置坐标偏移
N20	G55 T0404；	换螺纹刀，调用刀补
N30	S300 M03；	开启主轴
N40	G00 X34.0 Z7.0；	快速定位到起刀点
N50	G76 P010560 Q100 R100；	螺纹切削循环
N60	G76 X25.45 Z-40.0 P2275 Q1000 F3.5；	
N70	G00 X80.0 Z100.0；	返回换刀点
N80	M30；	程序暂停

四、加工工件并检测

（1）将机床置于自动运行模式。
（2）调出要加工的程序并将光标移动至程序的开始。
（3）按下"循环启动"按钮。
（4）加工过程中，用眼睛观察刀尖运动轨迹，右手控制循环启动和进给保持按钮。

(5)程序执行结束，使用螺纹千分尺或环规测量外螺纹的尺寸是否符合加工要求。

项目基本知识

【知识链接一】螺纹切削指令 G32、G92 和 G76

1．单行程螺纹切削指令 G32

指令格式 1：G32 X（U）_ Z（W）_ F_ ；

其中，X、Z 为螺纹编程终点的 X、Z 坐标，单位为 mm。X 为直径值。

U、W 为螺纹切削终点相对于切削起点的 X、Z 方向增量，U 为直径值。

F 为螺纹导程。

加工圆柱螺纹的走刀路线如图 4-8 所示，加工圆锥螺纹的走刀路线如图 4-9 所示。

说明：

a. G32 进刀方式为直进式。

b. A 点是螺纹加工的起刀点，B 点是单行程螺纹切削指令 G32 的切削起点，C 点是单行程螺纹切削指令 G32 的切削终点，D 点是 X 方向退刀的终点。

c. G32 指令与 G00 指令结合完成螺纹的车削。①是用 G00 进刀；②是用 G32 车螺纹；③是用 G00 沿 X 方向退刀；④是用 G00 沿 Z 方向退刀。

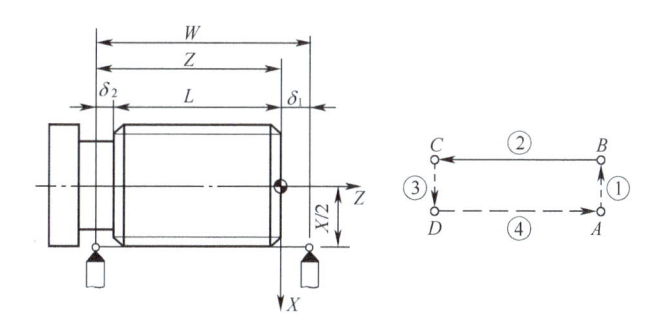

图 4-8 单行程螺纹切削

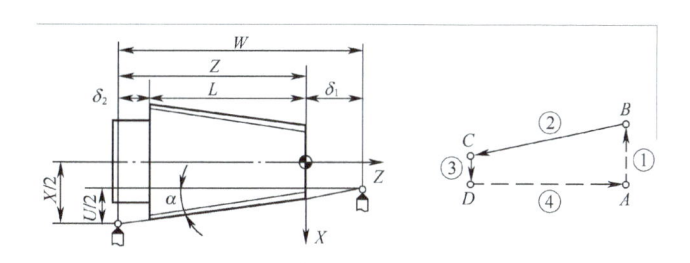

图 4-9 圆锥螺纹的车削

d. 螺纹车削时切削角度 α 为 0°时为圆柱螺纹，不为 0°时为圆锥螺纹。切削角度 $\alpha \leqslant 45°$ 时螺纹导程以 Z 方向指定；切削角度 $\alpha \geqslant 45°$ 时螺纹导程以 X 方向指定，如图 4-10 所示。

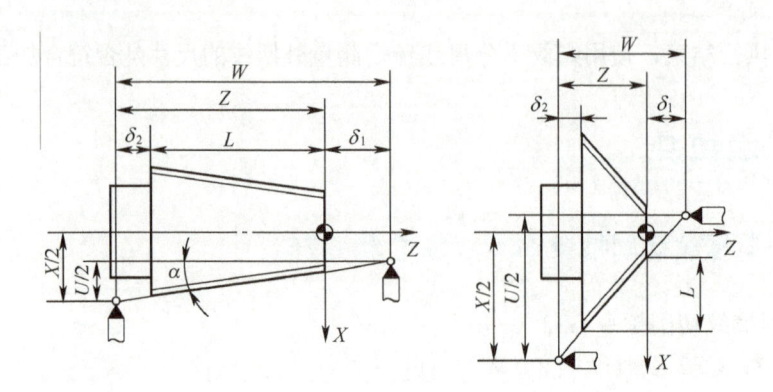

图 4-10　圆锥螺纹螺距的确定

指令格式 2：G32 X（U）_ Z（W）_ F_ Q_;

其中，X、Z 为螺纹车削终点的 X、Z 坐标，单位为 mm。X 为直径值。

　　U、W 为螺纹车削终点相对于车削起点的 X、Z 方向的增量。

　　F 为螺纹导程。

　　Q 为螺纹起始角，单位为（°）。

说明：

a．起始角不是模态值，每次使用都必须指定，如果不指定，就默认为 0。

b．起始角（Q）增量为 0.001°，不能带小数点。

c．起始角的指定有效范围为 0～360000，用于多线螺纹的车削。

d．单线螺纹的导程等于螺距，即 $L=P$；多线螺纹的导程等于线数乘于螺距，即 $L=nP$。

2．螺纹切削循环指令 G92

指令格式 1：G92 X（U）__ Z（W）__ F__;

其中，X、Z 为螺纹车削终点的 X、Z 坐标，单位为 mm。X 为直径值。

　　U、W 为螺纹车削终点相对于循环起点的 X、Z 方向的增量。

　　F 为螺纹导程。

走刀路线如图 4-11 所示。

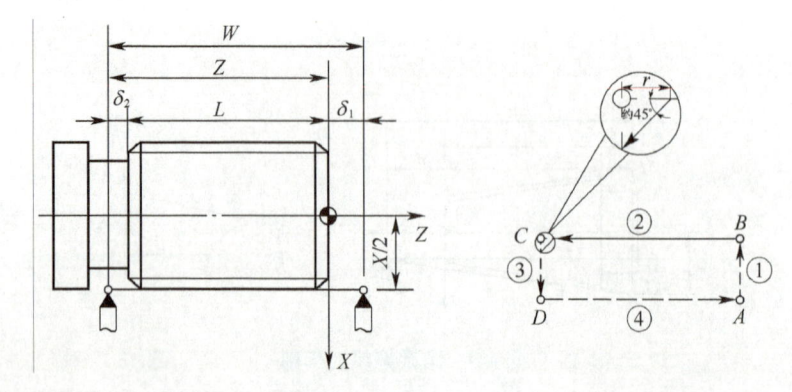

图 4-11　螺纹切削循环

G92 指令主要完成了如下 4 步动作：

① 快速进刀（相当于 G00 指令）；
② 螺纹车削（相当于 G32 指令）；
③ 快速退刀（相当于 G00 指令）；
④ 快速返回（相当于 G00 指令）。

说明：

a．G92 进刀方式为直进式。

b．G92 用于导程小于 3mm 的大多数三角形螺纹的车削。

c．倒角距离 r 在 0.1L～12.7L，通过系统参数#5130 指定，指定单位为 0.1L（导程）。

指令格式 2：G92 X（U）__ Z（W）__ R__ F__；

其中，X、Z 为螺纹车削终点的 X、Z 坐标，单位为 mm。X 为直径值。

　　　U、W 为螺纹车削终点相对于循环起点的 X、Z 方向的增量。

　　　R 为圆锥螺纹切削起点相对于切削终点的半径差，R=（$X_起$-$X_终$）/2。

　　　F 为螺纹导程。

走刀路线如图 4-12 所示。

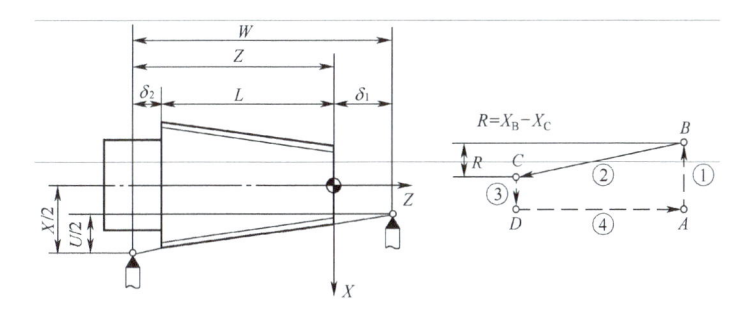

图 4-12　圆锥螺纹切削循环

圆锥螺纹中，车削循环起点、R 值和车削终点坐标的确定方法如下。

（1）循环起点 A 在 X 方向应大于车削螺纹中大端的直径，以免返回过程中螺纹车刀与工件发生干涉，Z 方向应考虑加上升速切入段的长度 $δ_1$。

（2）将螺纹轮廓线向两端延伸，根据相似三角形可以算得 R 值的大小。CNC 系统根据终点坐标和 R 值可以算得螺纹切削起点 B 的坐标。

（3）根据相似三角形和降速切出段的长度 $δ_2$，容易算出螺纹切削终点 C 的坐标。

3．螺纹切削复合循环指令 G76

指令格式：G76 P *mrα*　Q$Δd_{min}$ R*d*；
　　　　　G76 X（U）__ Z（W）__ R*i*　P*k*　QΔ*d*　F*L*；

其中，*m* 为精加工重复次数（01～99），该数值是模态的。

　　　r 为螺纹尾端倒角值（00～99），该数值是模态的，单位是 0.1L（导程）。

　　　a 为刀尖角度（80°、60°、55°、30°、29°和 0°中选择），该数值是模态的。

　　　$Δd_{min}$ 为最小车削深度，用半径值指定，单位是 μm，该数值是模态的。

　　　d 为精车余量，用半径值指定，单位是 μm，该数值是模态的。

　　　X、Z 为螺纹编程终点的 X、Z 方向坐标，单位是 mm。X 为直径值。

U、W 为螺纹编程终点相对于循环起点的 X、Z 方向的增量值。

i 为螺纹半径差。$i=(X_{起}-X_{终})/2$，$i=0$ 时为直螺纹。

k 为螺纹高度，用半径值指定，单位是 μm。

Δd 为第 1 刀车削深度，用半径值指定，单位是 μm，如图 4-13 所示。

L 为螺纹导程。

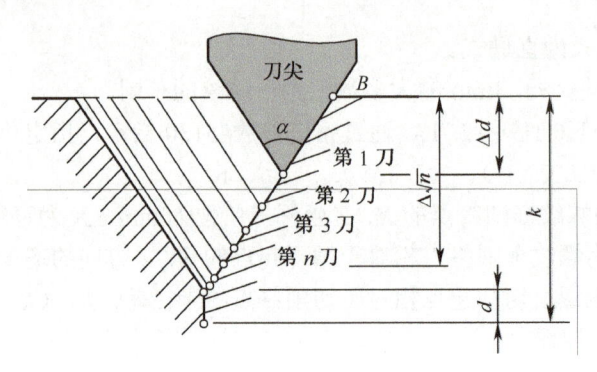

图 4-13 螺纹切削复合循环

走刀路线如图 4-14 所示。

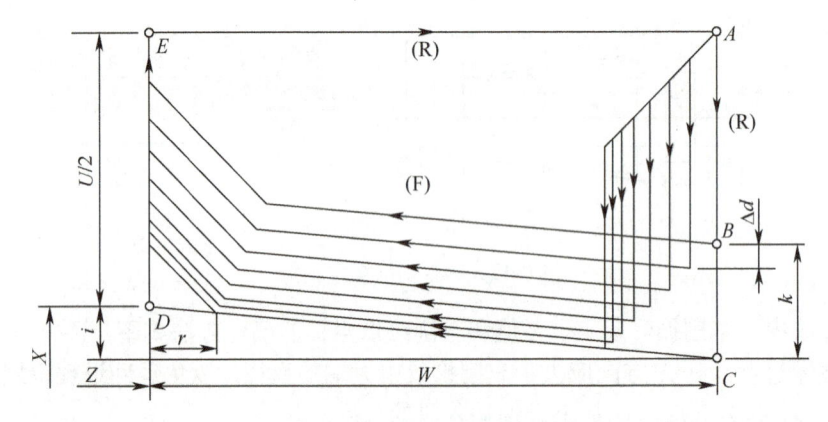

图 4-14 螺纹切削复合循环

说明：

a. G76 进刀方式为斜进式。

b. Q（Δd_{min}）、（d）、R（i）、P（k）和 Q（Δd）均不可带有小数点。

c. 螺纹车削中每一刀车削深度为 $\Delta d\sqrt{n} - \Delta d\sqrt{n-1}$，当该数值小于 Δd_{min} 时锁定于 Δd_{min}。

d. G76 经常用于加工不带退刀槽的圆柱螺纹和圆锥螺纹，特别是导程较大的梯形螺纹加工使用 G76 尤为方便。

【知识链接二】螺纹的种类及牙型

1. 常用螺纹的种类

螺纹的种类很多，按用途不同可分为连接螺纹和传递螺纹；按牙型特点可分为三角螺纹、矩形螺纹、锯齿形螺纹和梯形螺纹；按旋转方向可分为右旋螺纹和左旋螺纹；按螺旋线的多少分为单线螺纹和多线螺纹；按螺纹线在工件上的位置分为外螺纹、内螺纹和端面螺纹。

2．常用螺纹的牙型

沿螺纹轴线剖开的截面内，螺纹牙两侧边的夹角称为螺纹的牙型。常见螺纹的牙型有三角形、梯形、锯齿形、矩形等，如图 4-15 所示。螺纹的牙型中最主要的参数是牙型角。牙型角 $\alpha°$ 指螺纹牙型上相邻两牙侧间的夹角。普通三角形螺纹的牙型角为 60°，英制螺纹的牙型角为 55°，米制梯形螺纹的牙型角为 30°。

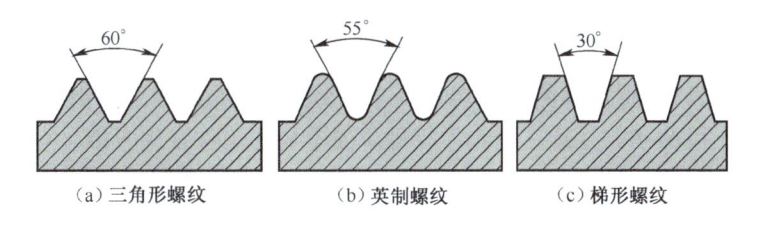

图 4-15 常用螺纹的牙型

(1) 三角形螺纹的理论牙型

在三角形螺纹的理论牙型中，D 是内螺纹大径（公称直径），d 是外螺纹大径（公称直径），D_2 是内螺纹中径，d_2 是外螺纹中径，D_1 是内螺纹小径，d_1 是外螺纹小径。螺纹中径是一个假想的圆柱体的直径，该圆柱体剖切牙型的沟槽和凸起宽度相同。螺距（P）是螺纹上相邻两牙在中径线上对应点间的轴向距离。导程（L）是一条螺旋线上相邻两牙在中径线上对应点间的轴向距离。对于单线螺纹，$L=P$；对于多线螺纹，$L=nP$。理论牙型高度（h_1）是螺纹牙型上牙顶到牙底之间垂直于螺纹轴线的距离，如图 4-16 所示。

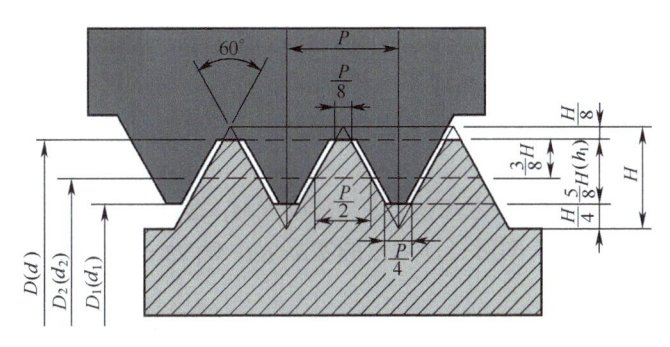

图 4-16 三角形螺纹的理论牙型

螺纹的公差标注实例：$M20×2\text{-LH-7g/6g-L}$。

M ——普通螺纹标记。

20 ——螺纹的公称直径 20mm。

2 ——细牙螺纹的螺距 2mm。

LH ——左旋螺纹标记。

7g ——中径公差带代号。是使用螺纹千分尺测量螺纹中径，判断螺纹合格的主要依据。

6g——大径公差带代号。是确定车螺纹前圆柱面直径或螺纹孔底直径的主要依据。

L——旋合长度代号。L 表示长旋合长度，N 表示中等旋合长度，S 表示短旋合长度。

三角形螺纹的加工尺寸：

① 外圆柱面的直径 $d_{i\dagger}$ 及牙型高度 h_1 的确定

高速车削三角形螺纹时，零件材料受车刀挤压后会使螺纹大径尺寸胀大，因此车螺纹前的外圆直径，应比螺纹公称直径小 0.2~0.4mm。当螺距为 1.5~3.5mm 时，实习中外径可以按公式 $d_{i\dagger}=d-0.1P$ 计算。

实际车削中不考虑车刀的刀尖 r 的影响，一般取螺纹实际牙型高度 $h_1=0.6495P$。

② 螺纹起点和螺纹终点轴向尺寸的确定

数控车床在加工螺纹时，由于起始需要一个加速过程，结束需要一个减速过程。因此车螺纹时，两端必须设置足够的升速切入段 δ_1 和减速切出段 δ_2。一般情况下取升速切入段 $\delta_1=2P$，减速切出段 $\delta_2=P$。注意在空走刀行程阶段不要与工件发生干涉，有退刀槽的工件，减速切出段 δ_2 的长度要小于退刀槽的宽度，一般取退刀槽宽度的一半，如图 4-17 所示。

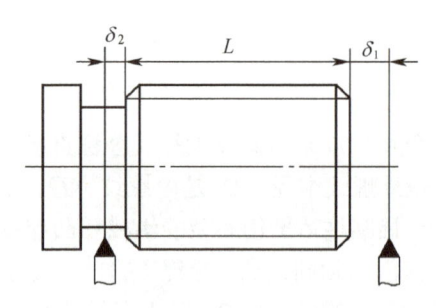

图 4-17　螺纹的起点和终点

（2）梯形螺纹的牙型（见图 4-18）

梯形螺纹使用梯形螺纹刀进行分层车削，数控加工中一般采用斜进法车削。选择使用的梯形螺纹刀要注意选择的刀尖角要等于梯形螺纹的牙型角；刀头宽度应与梯形螺纹槽底的宽度一致，否则在编程中就应考虑 Z 方向偏置后，再次使用 G76 循环加工。一般进行一次偏置。Z 方向偏置量的计算公式是：

$$Z 方向偏置量 = 0.268（M_1 - M_2）$$

其中，M_1 为一次螺纹车削后三针测出的实际值；M_2 为三针测出的实际值。

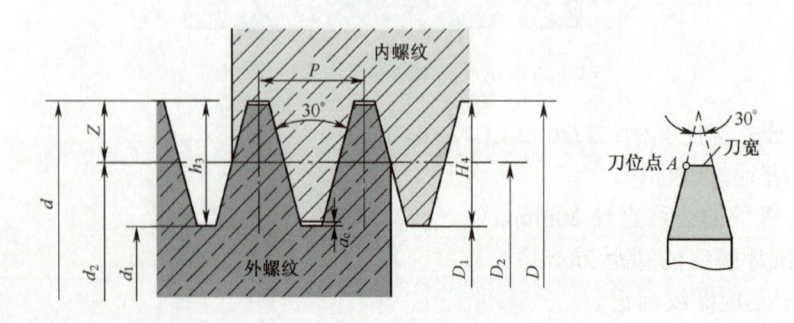

图 4-18　梯形螺纹的牙型和梯形螺纹车刀

【知识链接三】螺纹的车削方法

1. 单线螺纹的车削方法

为了保证螺纹的导程，加工螺纹时主轴旋转一周，车刀的进给量必须等于螺纹的导程；因进给量较大，而螺纹车刀的强度一般较差，因此螺纹牙型不能一次加工完成，需要多次分层进行车削。在数控车床上加工螺纹的方法有直进法、斜进法和交错切削法等，如图4-19所示。导程不大于2.5mm的螺纹常使用直进法，导程大的螺纹常采用斜进法和交错法。

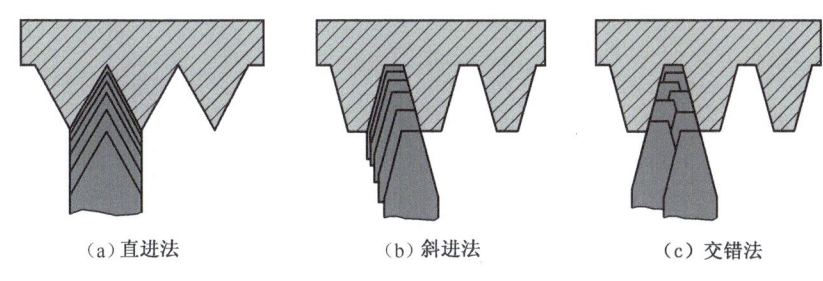

(a) 直进法　　　(b) 斜进法　　　(c) 交错法

图4-19 加工螺纹的常用方法

直进法车削时刀尖和两侧刃都参与切削，为避免"扎刀"现象发生，车削时应遵循递减的背吃刀量分配方式，否则会因切削面积的增加、切削力过大而损坏刀具。可参考表4-4选择切削用量。同时为保证螺纹的表面粗糙度，使用硬质合金车刀车削时，最后一刀的背吃刀量应不小于0.1mm。

表4-4 公制螺纹的分层切削余量

\\	\\	米制螺纹（单位：mm）					
螺 距		1.0	1.5	2.0	2.5	3.0	3.5
牙 深		0.65	0.975	1.3	1.625	1.95	2.275
切 深		1.3	1.95	2.6	3.25	3.9	4.55
走刀次数及分层切削用量	1	0.7	0.8	0.9	1.0	1.2	1.5
	2	0.4	0.5	0.6	0.7	0.7	0.7
	3	0.2	0.5	0.6	0.6	0.6	0.6
	4		0.15	0.4	0.4	0.4	0.6
	5			0.1	0.4	0.4	0.4
	6				0.15	0.4	0.4
	7					0.2	0.2
	8						0.15

在车削螺纹时，车床的主轴转速将受到螺纹的螺距、驱动电动机的特性及螺纹插补运算速度等因素的影响。对经济型数控车床而言，推荐车削螺纹的主轴转速为：

$$n \leqslant 1200/P - k$$

其中，P 为螺距，单位为mm；

k 为保险系数，一般取80左右；

n 为主轴转速,单位为 r/min。

2. 多线螺纹的车削方法

多线螺纹螺旋线分布的特点是在轴向等距分布,因此,车削多线螺纹可采用轴向分线的方法。在车好一条螺旋线后,将车刀沿 Z 方向移动一个螺距车削第二条螺旋线。同时多线螺纹在端面上螺旋线的起点是等角度分布,如图 4-20 所示,因此也可以采用圆周分线的方法,当车好第一条螺旋线后,使主轴旋转一个角度 θ(θ=360/n,其中 n 为多线螺纹的线数),再车削第二条螺旋线。依此类推车削出多线螺纹。

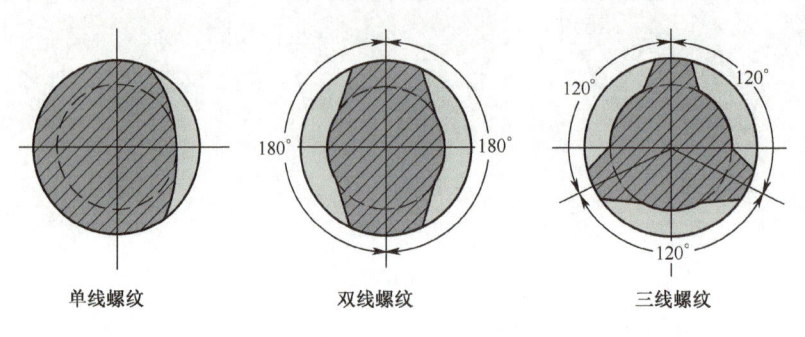

单线螺纹　　　　双线螺纹　　　　三线螺纹

图 4-20　单线和多线螺纹

在数控车床中,可以使用 G92、G76 指令采用轴向分线的方法车削多线螺纹;也可以使用 G32、G92 指令采用圆周分线的方法车削多线螺纹。但在编程中要注意多线螺纹的终点坐标要一致。图 4-21 是使用 G92 或 G76 指令采用轴向分线的方法车削双线螺纹时的示意图。

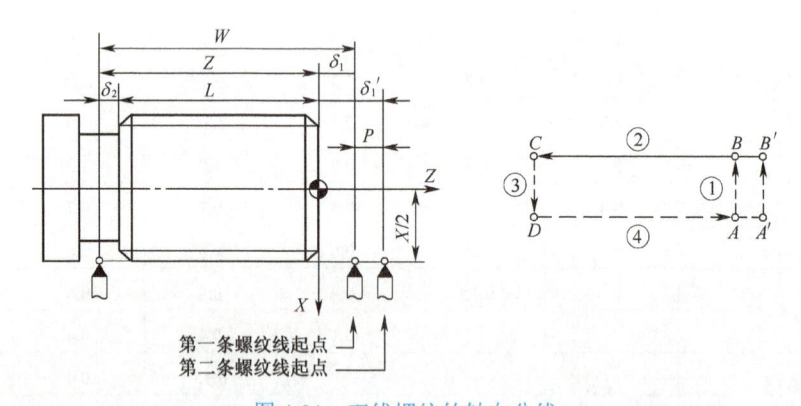

图 4-21　双线螺纹的轴向分线

3. 内螺纹的车削方法

三角形内螺纹工件形状通常有三种,即通孔、盲孔和台阶孔。其中通孔内螺纹最容易加工。在加工内螺纹前需要首先加工内孔和内沟槽。由于车削内螺纹时,零件材料因车刀挤压而使小径缩小,因此车削内螺纹的孔底直径应大于螺纹的小径(D_1=D-1.3P)。对于一般的塑性材料,内孔直径取 D=d-1.05P,脆性材料内孔比塑形材料略小 0.05~0.1mm。

【知识链接四】螺纹的测量

1. 螺距的测量

螺距一般采用钢直尺或者螺纹样板测量，如图 4-22 所示。

（a）钢直尺测量螺距　　　　（b）螺纹样板测量螺距

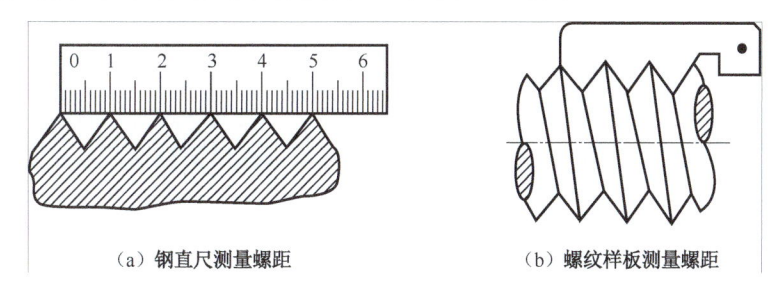

图 4-22　测量螺距

2. 螺纹中径的测量

对于精度要求较高的螺纹，需要测量螺纹中径。螺纹中径可以使用三针法测量，测量工具是千分尺和三针，如图 4-23（a）所示；三针法不仅可以测量三角形螺纹的中径，还可以测量梯形螺纹和锯齿形螺纹的中径。三针可以按螺纹规格进行采购，也可以利用三根同规格的直柄麻花钻代替，见表 4-5 所示。三角形的螺纹中径也可以直接使用螺纹千分尺进行测量，如图 4-23（b）所示。图 4-24 所示为螺纹千分尺，配有牙型角为 60°和 55°的测量头，更换测量头时须校正螺纹千分尺的零位，适合于导程为 0.4~6mm 的三角形螺纹中径的测量。

表 4-5　三针直径的选择

螺纹类型	牙型角	量针直径		
^	^	最大值	最佳值	最小值
三角形螺纹	60°	1.01P	0.577P	0.505P
英制螺纹	55°	0.894P-0.029	0.564P	0.481P-0.016
梯形螺纹	30°	0.656P	0.518P	0.486P

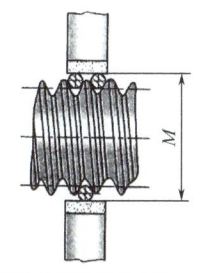

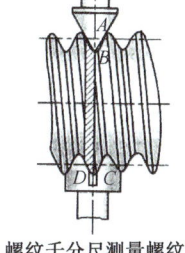

（a）三针法测量螺纹中径　　（b）螺纹千分尺测量螺纹中径

图 4-23　测量螺纹中径　　　　　图 4-24　螺纹千分尺

3. 螺纹的综合测量

综合测量是采用极限量规对螺纹的基本要求（螺纹大径、中径和螺距）同时进行综合测量的一种测量方法。测量的外螺纹时采用螺纹环规，如图 4-25 所示。测量时，若螺纹环规的通规能顺利旋入工件螺纹的有效长度范围，而止规不能旋入，则螺纹符合尺寸要求。测量的内螺纹时采用螺纹塞规，如图 4-26 所示。若螺纹塞规的通端能顺利旋入工件，而止端不能旋入，则螺纹符合尺寸要求。

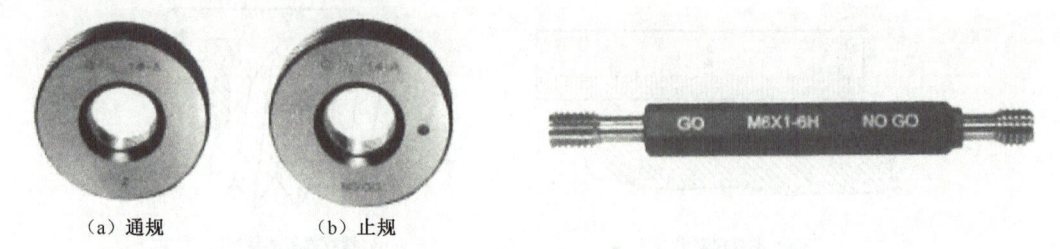

（a）通规　　　（b）止规

图 4-25　螺纹环规

图 4-26　螺纹塞规

项目综合训练

【综合训练一】车削连续螺纹工件

毛坯为 ϕ38mm 的塑料棒，试使用 G32 车削如图 4-27 所示零件。

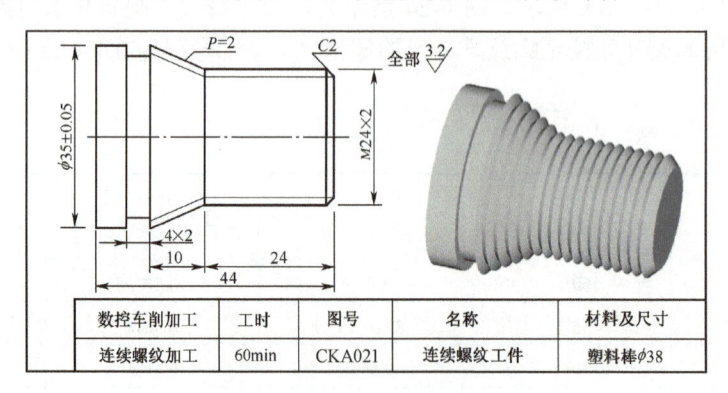

图 4-27　连续外圆锥面螺纹加工

一、分析加工工艺

_____
_____
_____
_____
_____
_____
_____
_____

在表 4-6 中填写起刀点、换刀点和各基点坐标。

表 4-6 起刀点、换刀点和各基点坐标

基 点	X 坐标值	Z 坐标值	基 点	X 坐标值	Z 坐标值
O			E		
A			F		
B			G		
C			H		
D			I		

二、编写加工技术文件

1. 工序卡（由读者根据图纸编写工序卡，填写于表 4-7）

表 4-7 连续螺纹工件的工序卡

材料	塑料棒	产品名称或代号		零件名称		零件图号	
		CKA021		连续螺纹工件		CKA021	
工序号	程序编号	夹具名称		使用设备		车间	
001	O0021	三爪自定心卡盘				数控实习车间	
工步号	工步内容	刀具号	刀具规格 $b \times h$(mm×mm)	主轴转速 n(r/min)	进给量 f(mm/r)	背吃刀量 a_p(mm)	备注
1							
2							
3							
4							
编制		批准		日期		共1页	第1页

2. 刀具卡（由读者根据工序卡编写刀具卡，填写于表 4-8）

表 4-8 连续螺纹工件的刀具卡

产品名称或代号	CKA021	零件名称		连续螺纹工件		零件图号	CKA021
序号	刀具号	刀具名称	数量	加工表面	刀尖半径 R（mm）	刀尖方位 T	备注
1							
2							
3							
4							
编制		批准		日期		共1页	第1页

3. 编写程序（毛坯 ϕ45×80，由读者根据图纸和工艺卡编写程序，填写于表 4-9 中）

表 4-9 连续螺纹工件的程序

程序号：O0021		
程 序 段 号	程 序 内 容	说　　明
N10		
N20		
N30		
N40		
N50		
N60		
N70		
N80		
N90		
N100		
N110		
N120		
N130		
N140		
N150		
N160		
N170		
N180		
N190		
N200		
N210		
N220		
N230		
N240		
N250		
N260		
N270		
N280		
N290		
N300		
N310		
N320		
N330		
N340		

续表

程序段号	程序内容	说　明
\multicolumn{3}{c}{程序号：O0021}		
N350		
N360		
N370		
N380		
N390		
N400		
N410		
N420		
N430		
N440		
N450		
N460		
N470		
N480		
N490		
N500		
N510		
N520		
N530		
N540		
N550		

【综合训练二】车削双线螺纹工件

毛坯为 $\phi34mm$ 的塑料棒，试使用 G92 车削如图 4-28 所示零件。

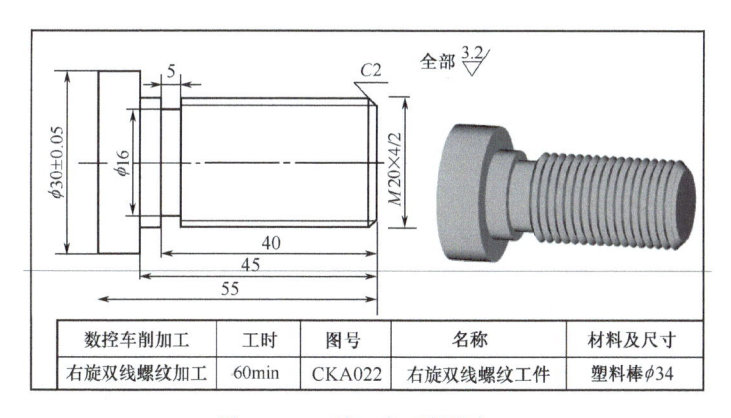

图 4-28　双线三角形螺纹加工

一、分析加工工艺

_____

_____

_____

_____

_____

_____

_____

_____

_____

将起刀点、换刀点和各基点坐标填入表 4-10 中。

表 4-10 起刀点、换刀点和各基点坐标

基 点	X 坐标值	Z 坐标值	基 点	X 坐标值	Z 坐标值
O			E		
A			F		
B			G		
C			H		
D			I		

二、编写加工技术文件

1. 工序卡（由读者根据图纸编写工序卡，填写于表 4-11）

表 4-11 双线三角形螺纹工件的工序卡

材料	塑料棒	产品名称或代号		零件名称		零件图号	
		CKA022		双线三角形螺纹工件		CKA022	
工序号	程序编号	夹具名称		使用设备		车间	
001	O0022	三爪自定心卡盘				数控实习车间	
工步号	工步内容	刀具号	刀具规格 $b \times h$(mm×mm)	主轴转速 n(r/min)	进给量 f(mm/r)	背吃刀量 a_p(mm)	备注
1							
2							
3							
4							
编制		批准		日期		共 1 页	第 1 页

2. 刀具卡（由读者根据工序卡编写刀具卡，填写于表 4-12）

表 4-12 双线三角形螺纹工件的刀具卡

产品名称或代号		CKA022	零件名称		双线三角形螺纹工件		零件图号	CKA022
序号	刀具号	刀具名称	数量	加工表面	刀尖半径 R（mm）	刀尖方位 T		备注
1								
2								
3								
4								
编制		批准		日期			共1页	第1页

3. 编写程序（毛坯 ϕ72×50，由读者根据图纸和工序卡编写程序，填写于表 4-13 中）

表 4-13 双线三角形螺纹工件的程序

程序号：O0022		
程序段号	程序内容	说　明
N10		
N20		
N30		
N40		
N50		
N60		
N70		
N80		
N90		
N100		
N110		
N120		
N130		
N140		
N150		
N160		
N170		
N180		
N190		
N200		
N210		
N220		
N230		

续表

程序号：O0022		
程序段号	程序内容	说　明
N240		
N250		
N260		
N270		
N280		
N290		
N300		
N310		
N320		
N330		
N340		
N350		
N360		
N370		
N380		
N390		
N400		
N410		
N420		

【综合训练三】车削梯形螺纹工件

毛坯为 φ46mm 的塑料棒，试使用 G76 车削如图 4-29 所示零件。

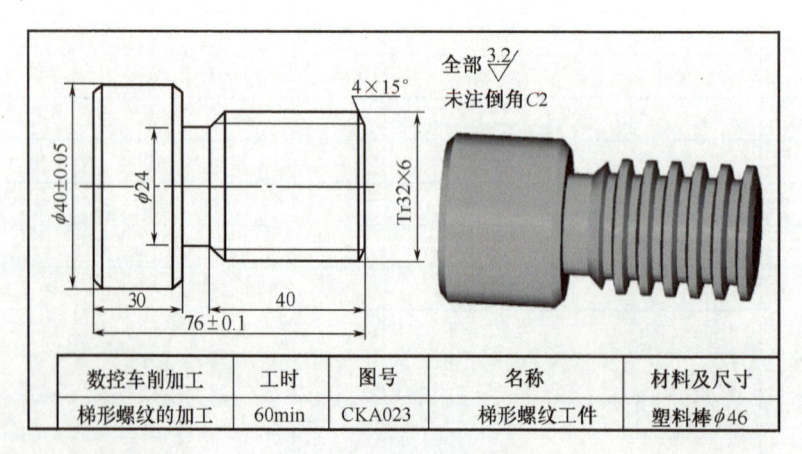

图 4-29　梯形螺纹加工

一、分析加工工艺

_____
_____
_____
_____
_____
_____
_____
_____
_____
_____

将起刀点、换刀点和各基点坐标填入表 4-14 中。

表 4-14 起刀点、换刀点和各基点坐标

基 点	X 坐标值	Z 坐标值	基 点	X 坐标值	Z 坐标值
O			E		
A			F		
B			G		
C			H		
D			I		

二、编写加工技术文件

1. 工序卡（由读者根据图纸编写工序卡，填写于表 4-15）

表 4-15 梯形螺纹工件的工序卡

材料	塑料棒	产品名称或代号		零件名称		零件图号	
		CKA023		梯形螺纹工件		CKA023	
工序号	程序编号	夹具名称		使用设备		车间	
001	O0023	三爪自定心卡盘				数控实习车间	
工步号	工步内容	刀具号	刀具规格 $b×h$(mm×mm)	主轴转速 n(r/min)	进给量 f(mm/r)	背吃刀量 a_p(mm)	备注
1							
2							
3							
4							
编制		批准		日期		共 1 页	第 1 页

2. 刀具卡（由读者根据工序卡编写刀具卡，填写于表 4-16）

表 4-16 梯形螺纹工件的刀具卡

产品名称或代号	CKA023	零件名称	梯形螺纹工件		零件图号	CKA023
序号	刀具号	刀具名称	数量	加工表面	刀尖半径 R（mm）	刀尖方位 T	备注
1							
2							
3							
4							
编制		批准		日期		共1页	第1页

3. 编写程序（毛坯 $\phi42\times120$，由读者根据图纸和工序卡编写程序，填写于表 4-17 中）

表 4-17 梯形螺纹工件的程序

程序号：O0023		
程序段号	程序内容	说　明
N10		
N20		
N30		
N40		
N50		
N60		
N70		
N80		
N90		
N100		
N110		
N120		
N130		
N140		
N150		
N160		
N170		
N180		
N190		
N200		
N210		
N220		

续表

程序号：O0023		
程序段号	程序内容	说　　明
N230		
N240		
N250		
N260		
N270		
N280		
N290		
N300		
N310		
N320		
N330		
N340		
N350		
N360		
N370		
N380		
N390		
N400		
N410		
N420		
N430		
N440		
N450		

【技能训练】

1. 零件见图 4-30，其螺纹加工参数见表 4-18。分析零件图及各加工尺寸，确定螺纹加工工艺，用 G32、G92 指令编制螺纹加工程序，并用仿真软件验证。

2. 零件见图 4-31，其螺纹加工参数见表 4-19。分析零件图及各加工尺寸，确定螺纹加工工艺，用 G76 指令编制螺纹加工程序，并用仿真软件验证。

3. 毛坯为 ϕ40mm 的塑料棒，试车削成如图 4-32 所示零件。

4. 毛坯为 ϕ40mm 的塑料棒，试车削成如图 4-33 所示零件。

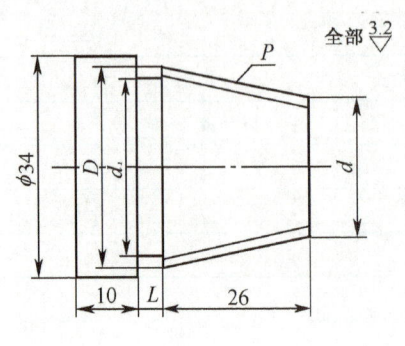

图 4-30 技能训练（1）图

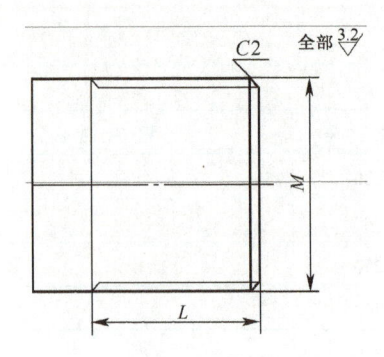

图 4-31 技能训练（2）图

表 4-18 螺纹加工参数

件 号	D	d	P	d_1	L
1	20	20	2.5	16	4
2	24	24	3	20	5
3	24	20	2	20	4
4	34	30	2.5	30	5

表 4-19 螺纹加工参数

件 号	M	L
1	$M30×3.5$	40
2	$M27×3$	30
3	$M24×2$	32
4	$M20×2.5$	36

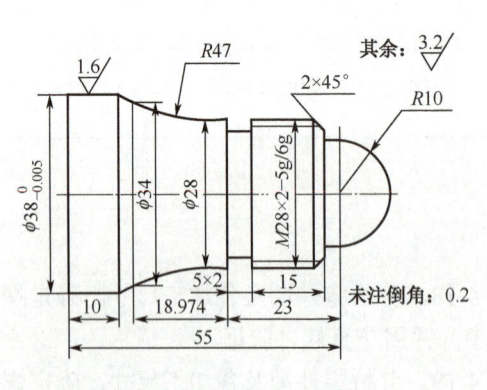

图 4-32 技能训练（3）图

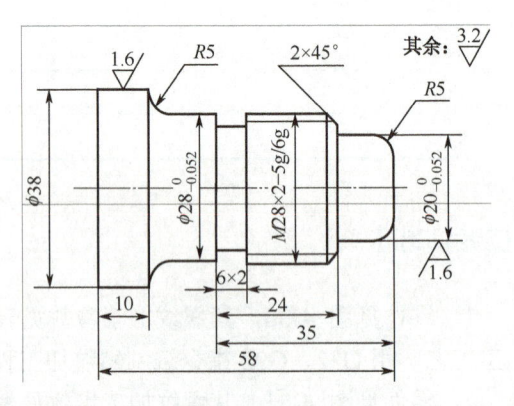

图 4-33 技能训练（4）图

5．毛坯为 ϕ40mm 的塑料棒，试车削成如图 4-34 所示零件。
6．毛坯为 ϕ40mm 的塑料棒，试车削成如图 4-35 所示零件。

图 4-34 技能训练（5）图

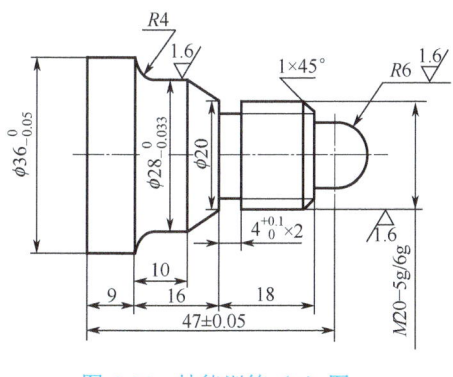

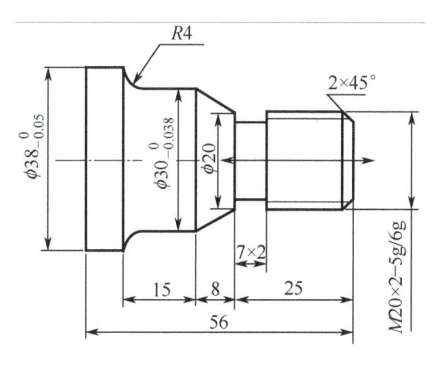

图 4-35 技能训练（6）图

7．毛坯为 ϕ40mm 的塑料棒，试车削如图 4-36 所示零件。

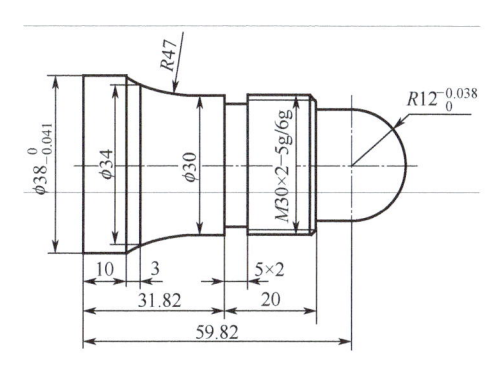

图 4-36 技能训练（7）图

8．毛坯为 ϕ40mm 的塑料棒，试车削如图 4-37 所示零件。

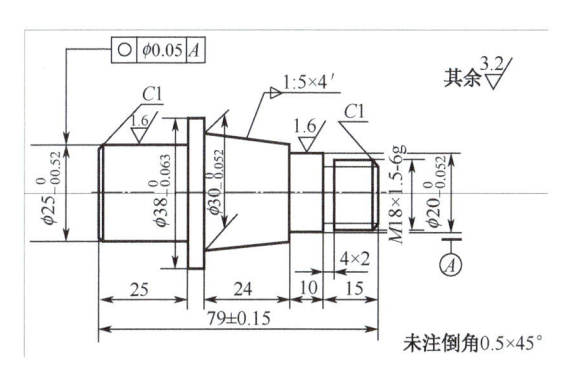

图 4-37 技能训练（8）图

9．毛坯为 ϕ45mm 的塑料棒，试车削如图 4-38 所示零件。
10．毛坯为 ϕ40mm 的塑料棒，试车削如图 4-39 所示零件。
11．毛坯为 ϕ45mm 的塑料棒，试车削如图 4-40 所示零件。
12．毛坯为 ϕ20mm 的塑料棒，试车削如图 4-41 所示零件。

图 4-38 技能训练（9）图

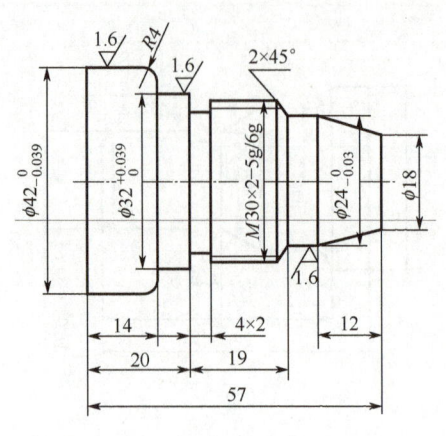

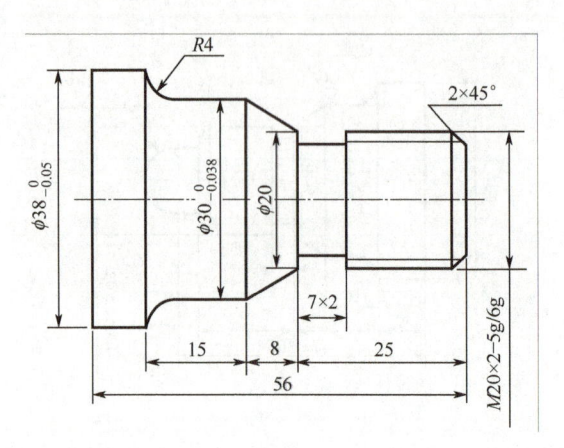

图 4-39 技能训练（10）图

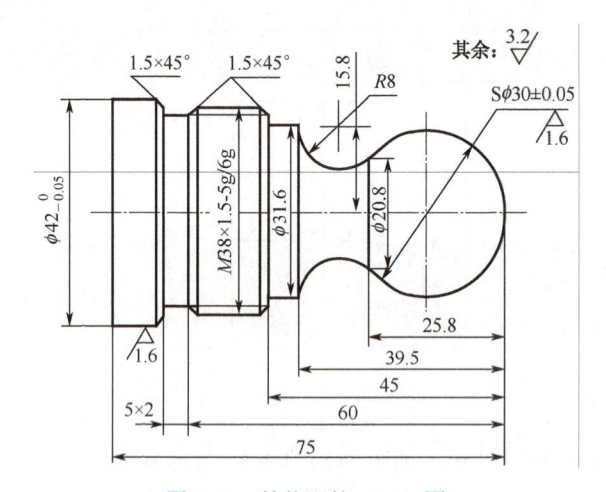

图 4-40 技能训练（11）图

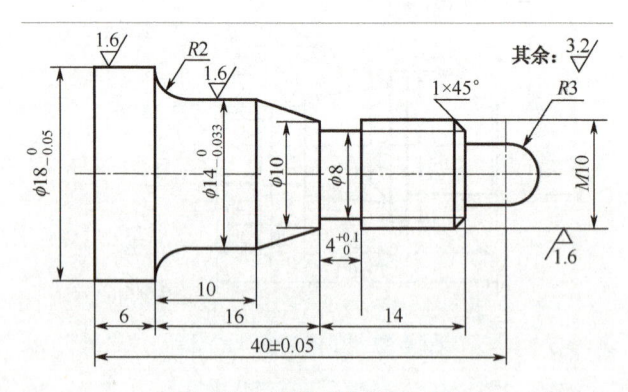

图 4-41 技能训练（12）图

13. 毛坯为 ϕ40mm 的塑料棒，试车削如图 4-42 所示零件。
14. 毛坯为 ϕ50mm 的塑料棒，试车削如图 4-43 所示零件。

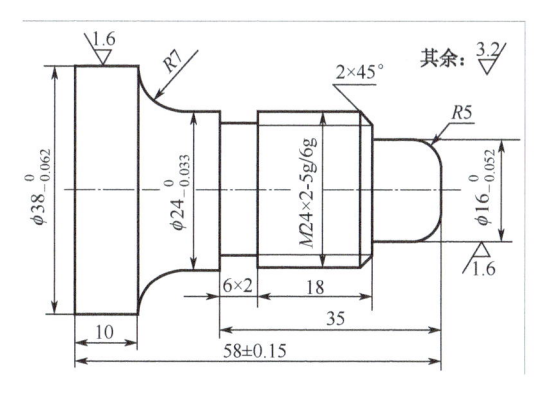

图 4-42　技能训练（13）图

15．毛坯为 ϕ40mm 的塑料棒，试车削如图 4-44 所示零件。

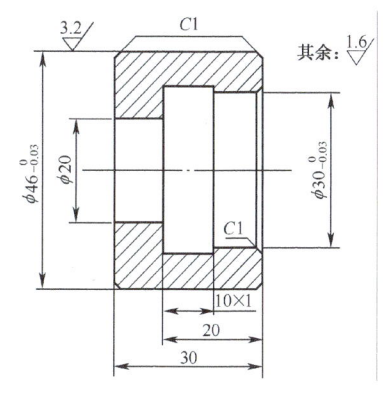

图 4-43　技能训练（14）图　　　图 4-44　技能训练（15）图

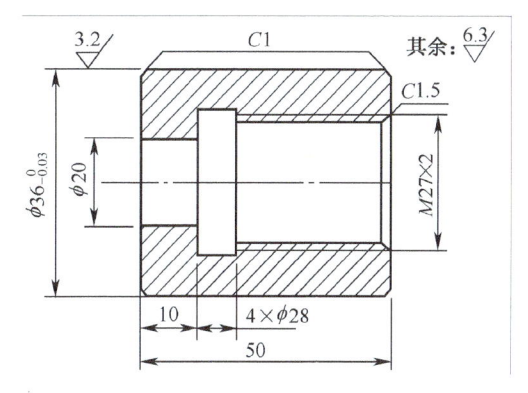

16．毛坯为 ϕ85mm 的塑料棒，试车削如图 4-45 所示零件。

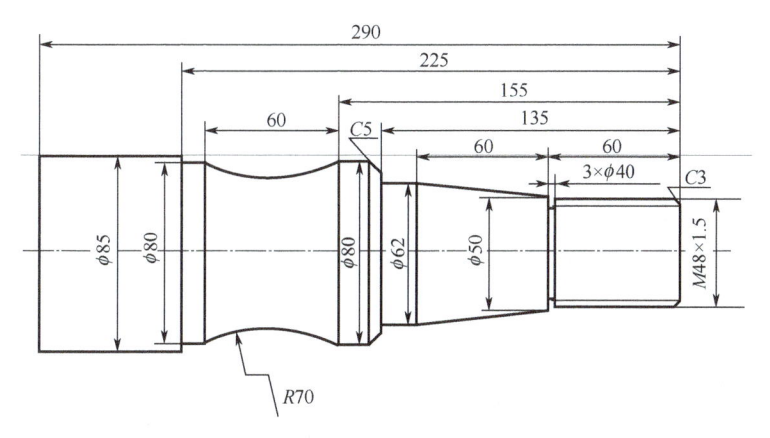

图 4-45　技能训练（16）图

17．毛坯为 ϕ85mm 的塑料棒，试车削如图 4-46 所示零件。
18．毛坯为 ϕ90mm 的塑料棒，试车削如图 4-47 所示零件。
19．毛坯为 ϕ42mm 的塑料棒，试车削如图 4-48 所示零件。

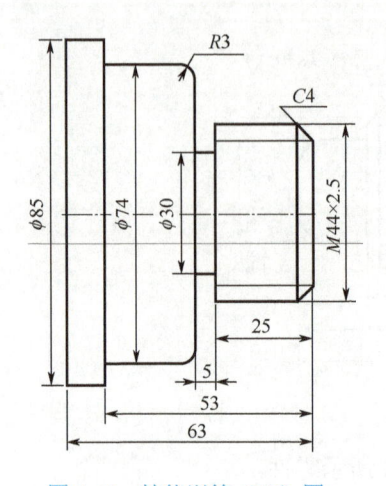

图 4-46 技能训练（17）图

图 4-47 技能训练（18）图

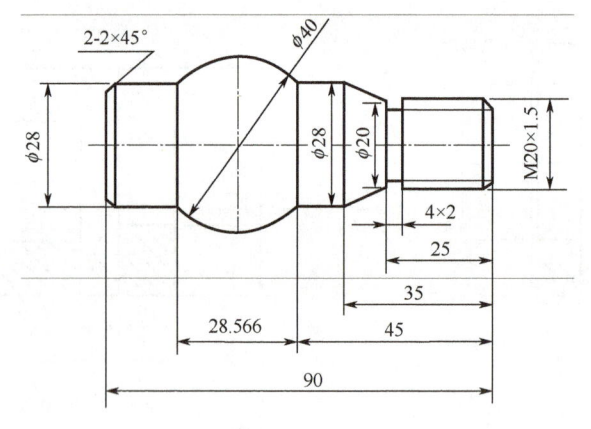

图 4-48 技能训练（19）图

20．毛坯为 $\phi30mm$ 的塑料棒，试车削成如图 4-49 所示零件。

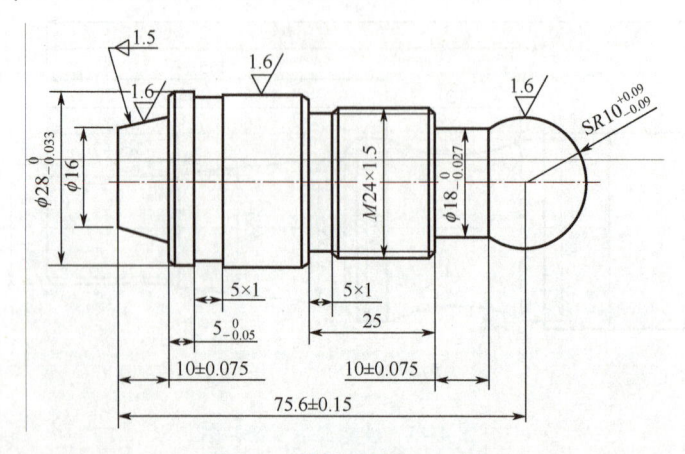

图 4-49 技能训练（20）图

21．毛坯为 $\phi54mm$ 的塑料棒，试车削成如图 4-50 所示零件。

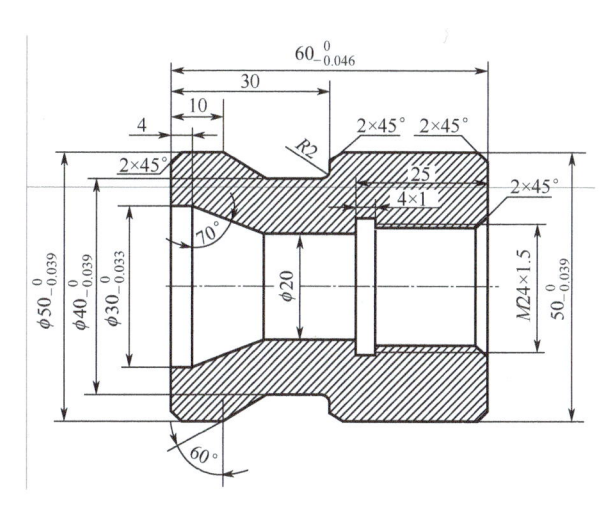

图 4-50 技能训练（21）图

22．毛坯为 ϕ72mm 的塑料棒，试车削成如图 4-51 所示零件。

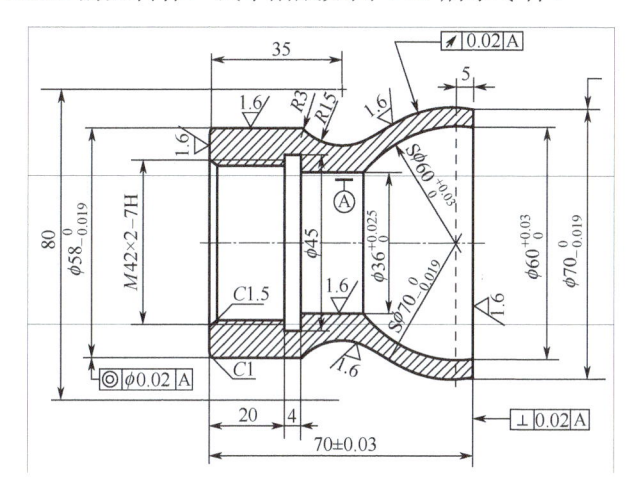

图 4-51 技能训练（22）图

23．毛坯为 ϕ26mm 的塑料棒，试车削成如图 4-52 所示零件。

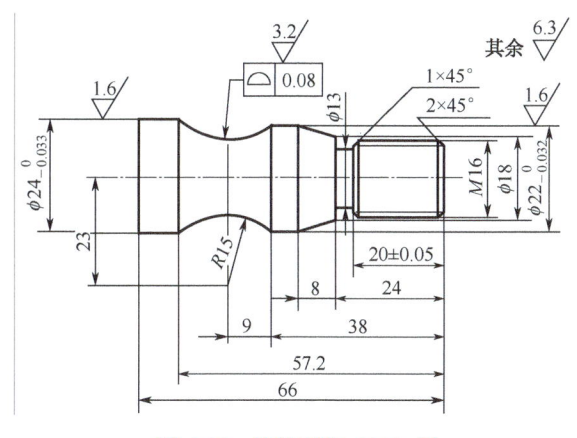

图 4-52 技能训练（23）图

24. 毛坯为 ϕ30mm 的塑料棒，试车削成如图 4-53 所示零件。

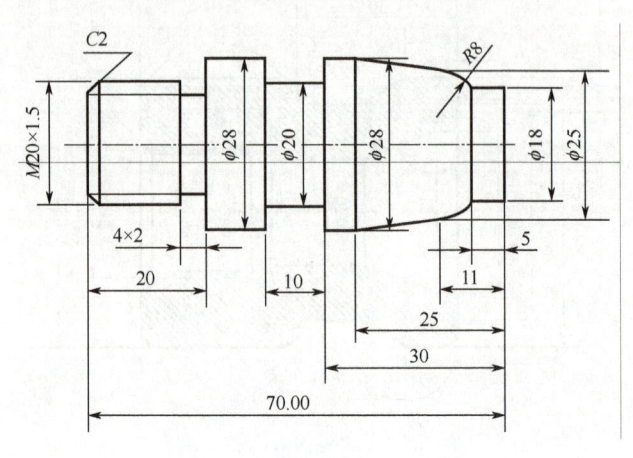

图 4-53　技能训练（24）图

项目五

非圆轮廓的车削

项目基本技能

【技能应用一】IF GOTO 指令的使用

毛坯为 $\phi 44$mm 的塑料棒，试使用 IF GOTO 指令车削成如图 5-1 所示零件。

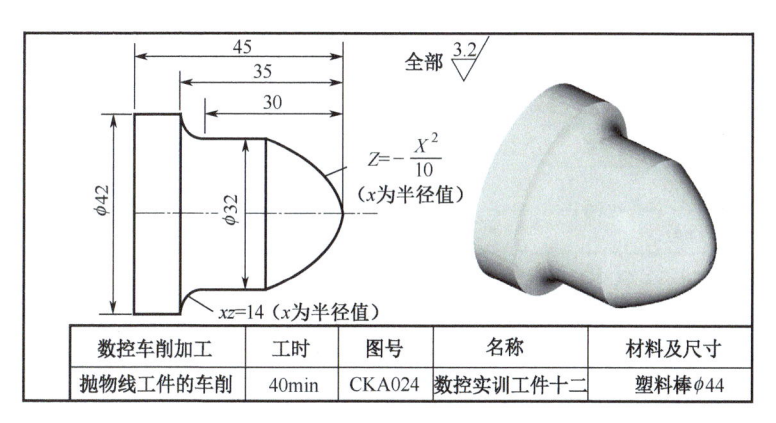

数控车削加工	工时	图号	名称	材料及尺寸
抛物线工件的车削	40min	CKA024	数控实训工件十二	塑料棒 $\phi 44$

图 5-1 抛物线加工示例

一、装夹工件和刀具

1．定位并夹紧工件

通过分析可知，零件轮廓是由圆柱面、抛物面等组成。由于工件外形规则，长度较短，用三爪自定心卡盘装夹毛坯。装夹时将毛坯伸出 55mm 左右。

2．安装刀具

（1）安装外圆粗车刀

外圆粗车刀安装在 1#刀位。

（2）安装外圆精车刀

外圆精车刀安装在 2#刀位。

二、对刀操作

首先试切对 1#刀,然后用碰外圆和端面的方法对 2#刀。

三、编写并输入程序

将机床置于编辑模式,在编辑模式输入并编辑程序。参考程序(毛坯$\phi 44\times 65$)如表 5-1 所示。

表 5-1 数控实训工件十二的参考程序

程序号:O0024		
程序段号	程序内容	说 明
N10	G54 G99 G97 G40;	设置坐标偏移
N20	T0101;	换刀
N30	S400 M03;	开启主轴
N40	G00 X44.0 Z2.0;	快速定位
N50	G90 X42.5 Z-45.0 F0.2;	粗车轮廓
N60	#1=7;	给 X 赋初值,即 X=7
N70	#2=2;	给 Z 赋初值,即 Z=2
N80	G00 X[2*#1+28.5];	进刀,其中 X 方向有 0.5mm 余量
N90	G01 Z[#2-37] F0.2;	粗车反函数曲面和圆柱面
N100	G00 U1.0;	退刀
N110	Z2.0;	返回
N120	#1=#1-1;	被吃刀量为 1mm
N130	#2=14/#1;	Z=14/X
N140	IF [#1 GE 2] GOTO 80;	循环控制,X 是否大于等于 2
N150	#1=16;	给 X 赋初值,即 X=16
N160	#2=-16;	给 Z 赋初值,即 Z=-16
N170	G00 X[2*#1+0.5];	进刀,其中 X 方向有 0.5mm 余量
N180	G01 Z#2 F0.2;	粗车抛物面
N190	G00 U1.0;	退刀
N200	Z2.0;	返回
N210	#1=#1-1;	被吃刀量为 1mm
N220	#2=-[#1*#1]/16;	Z=-X2/16
N230	IF [#1 GE 0] GOTO 170;	循环控制,X 是否大于等于 0
N240	G00 X80.0 Z100.0;	返回换刀点
N250	M00;	暂停
N260	T0202;	换刀
N270	S600 M03;	开启主轴
N280	G00 X0.0 Z2.0;	快速定位
N290	G42 G01 X0.0 Z0.0 F0.08;	调用半径补偿

续表

程序号：O0024		
程序段号	程序内容	说　明
N300	#1=0;	给 X 赋初值，即 X=0
N310	#2=0;	给 Z 赋初值，即 Z=0
N320	G01 X[2*#1] Z#2 F0.08;	精车抛物面
N330	#1=#1+0.1	步长为 0.1mm
N340	#2=-[#1*#1]/16;	Z=-X2/16
N350	IF [#1 LE 16] GOTO 320;	循环控制，X 是否小于等于 16
N360	G01 Z-30.0;	精车圆柱面
N370	#1=2;	给 X 赋初值，即 X=2
N380	#2=7;	给 Z 赋初值，即 Z=7
N390	G01 X[2*#1+28] Z[#2-37] F0.08;	精车反函数曲面
N400	#1=#1+0.1;	步长为 0.1mm
N410	#2=14/#1;	Z=14/X
N420	IF [#1 LE 7] GOTO 390;	循环控制，X 是否小于等于 7
N430	G01 Z-45.0;	精车圆柱面
N440	G40 G00 X44.0;	取消刀具半径补偿
N450	G00 X80.0 Z100.0;	返回换刀点
N460	M30;	程序结束，返回程序开始

四、加工工件并检测

（1）将机床置于自动运行模式。

（2）调出要加工的程序并将光标移动至程序的开始。

（3）按下"循环启动"按钮。

（4）加工过程中，用眼睛观察刀尖运动轨迹，左手控制倍率调整旋钮，右手控制循环启动和进给保持按钮。

（5）程序执行结束，测量外圆柱面的直径。

【技能应用二】WHILE DO 和 END 指令的使用

毛坯为 ϕ30mm 的塑料棒，试使用 WHILE DO 和 END 指令车削成如图 5-2 所示零件。

一、装夹工件和刀具

1．定位并夹紧工件

通过分析可知，零件轮廓是由圆柱面、椭球面等组成。由于工件外形规则，长度较短，用三爪自定心卡盘装夹毛坯。装夹时将毛坯伸出 70mm 左右。

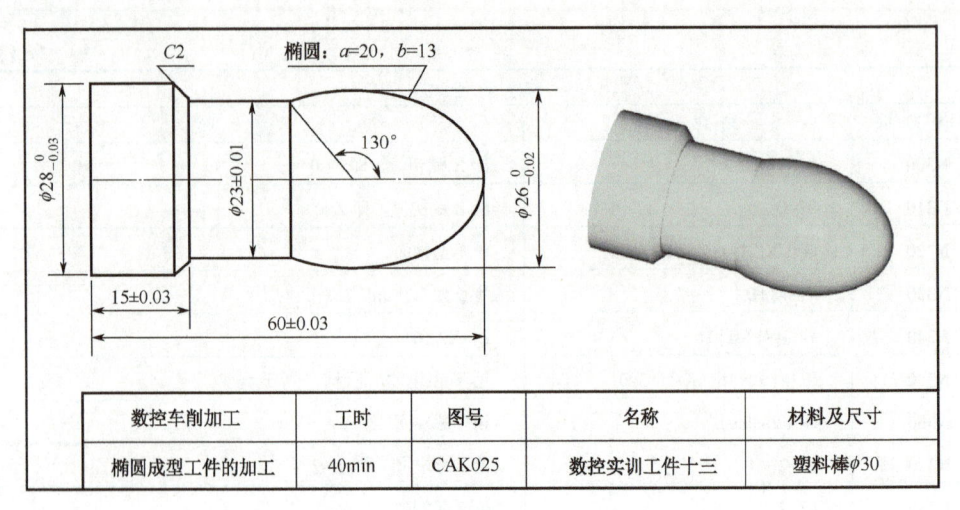

图 5-2 椭圆成型工件加工示例

2．安装刀具

（1）安装外圆粗车刀

外圆粗车刀安装在 1#刀位。

（2）安装外圆精车刀

外圆精车刀安装在 2#刀位。

二、对刀操作

首先试切对 1#刀，然后用碰外圆和端面的方法对 2#刀。

三、编写并输入程序

将机床置于编辑模式，在编辑模式输入并编辑程序。参考程序（毛坯$\phi30\times85$）如表 5-2 所示。

表 5-2 数控实训工件十三的参考程序

程序号：O0025		
程序段号	程序内容	说　明
N10	G54 G99 G97 G40；	设置坐标偏移
N20	T0101；	换刀
N30	S400 M03；	开启主轴
N40	G00 X30.0 Z2.0；	快速定位
N50	G90 X28.5 Z-60.0 F0.2；	粗车轮廓，留有 0.5 精车余量
N60	X26.5 Z-45.0；	粗车轮廓，留有 0.5 精车余量
N70	#1=26.49；	给 X 赋初值，即 X=26.49，其中 0.5 余量
N80	#2=0；	给 Z 赋初值，即 Z=0
N90	WHILE [#1 GE 0.0] DO 1；	循环控制，X 是否≥0
N100	G00 X#1；	进刀
N110	G01 Z[#2-20] F0.2；	粗车椭球面右侧

续表

程序段号	程序内容	说 明
\multicolumn{3}{c}{程序号：O0025}
N120	G00 U1.0;	退刀
N130	Z2.0;	返回
N140	#1=#1-4	被吃刀量为2mm
N150	#2=20/26*SQRT[26*26-#1*#1];	Z=20/26*SQRT[26*26-X*X];
N160	END 1;	循环1结束
N170	G00 X27.0;	快速定位
N180	Z-20.0;	快速定位
N190	G73 U3.0 W0.0 R1.0;	粗车凹陷部分
N200	G73 P210 Q300 U0.5 W0.0 F0.25	
N210	G42 G01 X25.99 F0.08;	引入刀具半径补偿
N220	#1=25.99;	给X赋初值，即X=25.99
N230	#2=0;	给Z赋初值，即Z=0
N240	WHILE [#1 GE 23] DO 2;	循环控制，X是否≥23
N250	G01 X#1 Z[-#2-20];	精车椭球面左侧
N260	#1=#1-0.1;	步长0.1mm
N270	#2=20/26*SQRT[26*26-#1*#1];	Z=20/26*SQRT[26*26-X*X];
N280	END 2;	循环2结束
N290	G01 Z-45.0;	车削圆柱面
N300	G40 G01 X26.5;	取消刀具半径补偿
N310	G00 X80.0 Z100.0;	返回换刀点
N320	M00;	程序暂停
N330	T0202;	换刀
N340	S600 M03;	开启主轴
N350	G00 X0.0 Z2.0;	快速定位
N360	G42 X0.0 Z0.0 F0.08;	调用半径补偿
N370	#1=0;	给ϕ赋初值，即ϕ=0
N380	#24=0;	给X赋初值，X=0
N390	#26=20;	给Z赋初值，Z=20
N400	WHILE [#1 LE 130] DO 3;	循环控制，ϕ是否≤130.0
N410	G01 X#24 Z[#26-20];	车削椭球面
N420	#1=#1+0.5	步长0.5°
N430	#24=26*SIN[#1]	椭圆方程$X=13\cos\phi$
N440	#26=20*COS[#1]	椭圆方程$Z=20\cos\phi$
N450	END 3;	循环3结束
N460	G01 Z-45.0;	精车ϕ23圆柱面

续表

程序号：O0025		
程序段号	程序内容	说 明
N470	X27.99 C-2.0；	车削端面和倒角
N480	Z-60.0；	车削 $\phi28$ 圆柱面
N490	G40 G01 X30.0；	取消刀具半径补偿
N500	G00 X80.0 Z100.0；	返回换刀点
N510	M30；	程序结束，返回程序开始

四、加工工件并检测

（1）将机床置于自动运行模式。

（2）调出要加工的程序并将光标移动至程序的开始。

（3）按下"循环启动"按钮。

（4）加工过程中，用眼睛观察刀尖运动轨迹，左手控制倍率调整旋钮，右手控制循环启动和进给保持按钮。

（5）程序执行结束，使用千分尺测量圆柱面的直径。

【技能应用三】G65 指令的使用

毛坯为 $\phi30mm$ 的塑料棒，试使用 G65 指令车削成如图 5-3 所示零件。

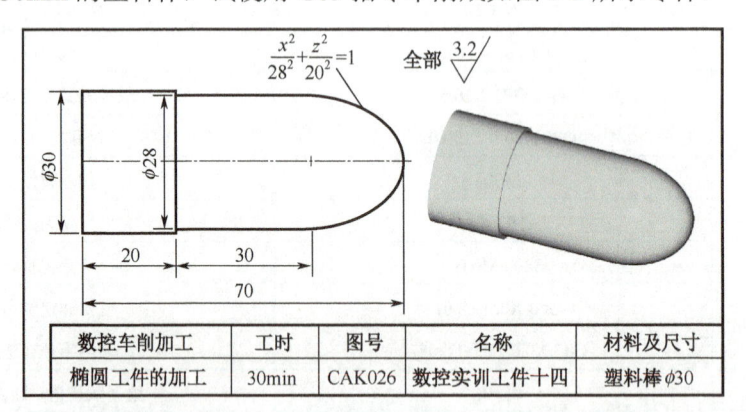

图 5-3 椭圆工件加工示例

一、装夹工件和刀具

1. 定位并夹紧工件

通过分析可知，零件轮廓是由椭圆轮廓组成。由于工件外形规则，长度较短，用三爪自定心卡盘装夹毛坯。装夹时将毛坯伸出 80mm 左右。

2. 安装外圆刀

使用 90°硬质合金右偏刀粗车工件，使用 90°硬质合金右偏刀精车工件，因此，首先将该粗车刀安装到刀架的 1#刀位，然后将精车刀安装到刀架的 2#刀位。操作方法前已经陈述。

二、对刀操作

（1）对 1#刀进行对刀操作，设定工件坐标系并建立 1#刀的刀长补偿。
（2）通过碰刀对 2#刀进行对刀操作，建立 2#刀的刀长补偿。

三、编写并输入程序

将机床置于编辑模式，在编辑模式输入并编辑程序。参考程序（毛坯ϕ30×90）如表 5-3 所示。

表 5-3　数控实训工件十四的主程序

程序段号	程序内容	说　　明
\multicolumn{3}{c}{程序号：O0026}
N10	T0101;	换刀
N20	S300 M03;	开启主轴
N30	G00 X30.0 Z2.0;	快速定位
N40	G90 X28.5 Z-50.0 F0.2;	粗车轮廓
N50	G65 P0010 A20.0 B28.0;	粗车椭圆，a=20.0,b=14.0
N60	G00 X80.0 Z100.0;	返回换刀点
N70	M00;	暂停
N80	T0202;	换刀
N90	S500 M03;	开启主轴
N100	G00 X0.0 Z2.0;	快速定位
N110	G65 P0011 A20 B28;	精车椭圆,a=20,b=14
N120	G00 X80.0 Z100.0;	返回换刀点
N130	M30;	程序结束，返回程序开始

粗车椭圆轮廓的子程序如表 5-4 所示。

表 5-4　粗车椭圆轮廓的子程序

程序段号	程序内容	说　　明
\multicolumn{3}{c}{程序号：O0010}
N10	#24=#2+0.5;	给 X 赋初值，即 X=28.5，其中 0.5 余量
N20	#26=0;	给 Z 赋初值，即 Z=0
N30	WHILE [#24 GE 0] DO 1;	循环控制，X 是否≥0
N40	G00 X#24;	进刀
N50	G01 Z[#26-#1] F0.2;	粗车椭球面
N60	G00 U1.0;	退刀
N70	Z2.0;	返回
N80	#24=#24-4;	#24 为自变量，被吃刀量为 2
N90	#26=#1/#2*SQRT[#2*#2-#24*#24];	$Z=a/b*SQRT[b*b-X*X]$
N100	END 1;	循环结束
N110	M99;	返回主程序

精车椭圆轮廓的子程序如表 5-5 所示。

表 5-5　精车椭圆轮廓的子程序

程序号：O0011		
程序段号	程序内容	说　　明
N10	G42 G01 Z0 F0.08；	引入半径补偿
N20	#24=0；	给 X 赋初值，即 X=0
N30	#26=#1；	给 Z 赋初值，即 Z=20
N40	G01 X#24 Z[#26-#1] F0.08；	精车椭圆
N50	#26=#26-0.1；	#26 为自变量，Z 步长设定为 0.1
N60	#24=#2/#1*SQRT[#1*#1-#26*#26]；	$X=b/a*SQRT[a*a-Z*Z]$
N70	IF [#26 GE 0] GOTO 40；	循环控制，Z 是否≥0
N80	G01 Z-50.0 F0.08；	车削圆柱面
N90	G40 G01 U2.0；	取消半径补偿
N100	M99；	返回主程序

四、加工工件并检测

（1）将机床置于自动运行模式。
（2）调出要加工的程序并将光标移动至程序的开始。
（3）按下"循环启动"按钮。
（4）加工过程中，用眼睛观察刀尖运动轨迹，右手控制循环启动和进给保持按钮。
（5）程序执行结束，使用千分尺外圆的尺寸是否符合加工要求。

项目基本知识

【知识链接一】变量

1．变量

在常规的主程序和子程序中，总是将一个具体的数值赋给一个地址。为使程序更具有通用性和灵活性，宏程序设置了变量，其值可以在程序中修改或利用 MDI 面板操作进行修改。与普通的编程语言不同的是，用户宏程序不允许使用变量名。变量用变量符号（#）和后面的变量号制定，例如：#1。在程序中定义宏变量的值时，可省略小数点。

表达式可以用于指定变量号，但表达式必须在括号里，例如：#[#1+#2-12]。

变量根据变量号分为 4 种类型，如表 5-6 所示。

表 5-6　变量类型

变量号	变量类型	功　　能
#0	空变量	该变量总为空，不能赋值

续表

变量号	变量类型	功　能
#1～#33	局部变量	只能用在宏程序中存储数据。断电时被初始化为空。调用宏程序时自变量对局部变量赋值
#100～#199 #500～#999	公共变量	公共变量在不同的宏程序中有不同的意义。断电时，变量#100～#199被初始化为空；变量#500～#999的数据保存，即断电也不丢失
#1000～	系统变量	用于读写CNC运行时的各种数据，例如：刀具的当前位置和补偿值

在函数的自变量中经常使用到局部变量和文字变量。在局部变量中文字变量与数字序号变量有确定的对应关系，如表5-7所示。

表5-7　文字变量与数字序号变量的对应关系

文字变量	数字符号变量	文字变量	数字符号变量	文字变量	数字符号变量
A	#1	I	#4	T	#20
B	#2	J	#5	U	#21
C	#3	K	#6	V	#22
D	#7	M	#13	W	#23
E	#8	Q	#17	X	#24
F	#9	R	#18	Y	#25
H	#11	S	#19	Z	#26

说明：

a．文字变量G，L，N，O和P不能在自变量中使用；

b．不需要的文字变量可以省略；

c．在指令中文字变量一般不需要按照字母顺序指定，但应符合文字变量的格式，I，J和K的指定需要按照字母顺序。

2．变量的赋值

变量可以直接赋值，也可以在宏程序的调用中赋值。

例如：#100=100.0；

G65 P0041 L5 X100.0 Y100.0 Z-20.0；（X，Y和Z不表示坐标地址）

赋值后，#24=100，#25=100，#26=-20。

3．变量的运算（见表5-8）

变量可以把算术运算和函数运算结合在一起使用，运算的先后顺序是：带有括号的运算优先进行，然后依次是函数运算、乘除运算和加减运算。但连同函数中使用的括号在内，括号在表达式中最多不能超过5层，例如，#1=sin[[[#1+#3]*#4+#5]*#6]，否则将出现P/S报警No.118。

4．变量的引用

在程序中引用宏变量时，其格式为：指令字地址+宏变量号。

（1）当用表达式表示变量时，表达式应包含在一对方括号内。

如：G01 X[#1+#2] F#3；

表 5-8 变量的运算

功　能	格　式	备　注	功　能	格　式	备　注
定义	#i=#j		平方根	#i=SQRT [#j];	
加法	#i=#j+#k;		绝对值	#i=ABS[#j];	
减法	#i=#j-#k;		舍入	#i=ROUND[#j];	
乘法	#i=#j*#k;		下取整	#i=FIX[#j];	
除法	#i=#j/#k		上取整	#i=FUP[#j];	
			自然对数	#i=LN[#j];	
			指数函数	#i=EXP[#j]	
正弦	#i=sin[#j];	角度以度为单位。例如：90°30′表示为90.5°	或	#i=#j OR #k;	逻辑运算一位一位地按二进制数执行
反正弦	#i=arcsin[#j];		异或	#i=#j XOR #k;	
余弦	#i=cos[#j];		与	#i=#j AND #k	
反余弦	#i=arccos[#j];		从 BCD 转为 BIN	#i=BIN[#j];	用于与 PMC 的信号交换
正切	#i=tan[#j];		从 BIN 转为 BCD	#i=BCD[#j]	
反正切	#i=arctan[#j];				

（2）要使被引用的宏变量的值反号，在"#"前加前缀"-"即可。

如：G00 Z-#1；

说明：

a．被引用的宏变量的值会自动根据指令地址的最小输入单位进行取整。

如：G00 X#1；【#1=12.3456】在 1μm 的 CNC 上实际执行 G00 X12.346。

b．当被引用的变量未被赋值，该变量为空变量，该变量连同该变量前的指令地址会被一起忽略。

如：G00 X#1 Z#2；【#1=10.0 #2=null(未赋值)】实际执行为 G00 X10.0。

【知识链接二】转移与循环控制指令 GOTO、IF GOTO 和 WHILE DO-END

1．无条件转移指令 GOTO

格式：GOTO n；

　　　GOTO #10；

说明：

a．n 为顺序号（1～9999）；

b．可以用表达式指定顺序号。

c．执行到该程序段，无条件转移到所指定的程序段。

2．有条件转移指令 IF　GOTO

格式：IF［条件表达式］GOTO n；

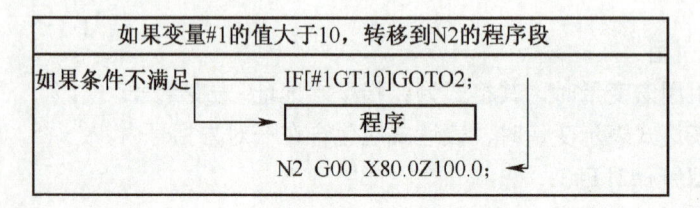

```
                 如果变量#1的值大于10，转移到N2的程序段
如果条件不满足 ─── IF[#1GT10]GOTO2；
            └──▶ 程序
                 N2  G00 X80.0Z100.0；◀┘
```

比较表达式的格式：变量+比较运算符+变量；
变量+比较运算符+常量。
如果条件表达式满足，也可以执行一个预先定义的宏程序语句。

如果#1和#2的值相同，0赋值给#3
IF[#1EQ#2] THEN #3=0;

说明：

a．当指定条件不满足时，执行下一个程序段；

b．当指定条件满足时，转移到标有顺序号为 n 的程序段；

c．比较运算符由两个字母组成，用来比较两个变量的值相等或大小关系，共有六种关系，其字母组成和含义如表 5-9 所示。

表 5-9 运算符号

运 算 符	含 义	运 算 符	含 义
EQ	等于（=）	NE	不等于（≠）
GT	大于（>）	GE	大于或等于（≥）
LT	小于（<）	LE	小于或等于（≤）

d．使用有条件转移和无条件转移语句可以构成循环的指令结构。构成循环语句有两种结构形式。

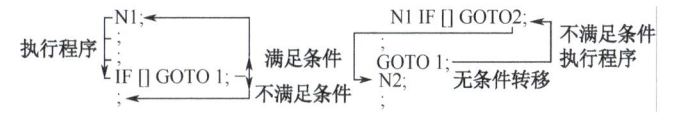

例如：计算数值 1～100 的总和，如表 5-10 所示。

表 5-10 计算数值 1～100 的总和的程序

程序号：O2010		
程 序 段 号	程 序 内 容	说　明
N10	#1=0	和数变量赋初始值
N20	#2=1	被加数变量赋初始值
N30	IF [#2 GT 100] GOTO 70	有条件转移
N40	#1=#1+#2	计算和数
N50	#2=#2+1	下一个被加数
N60	GOTO 30	无条件转移
N70	M30	程序结束

3．循环指令 WHILE DO 和 END

格式：WHILE [条件表达式] DO m；（m=1，2，3）

　　　END m；

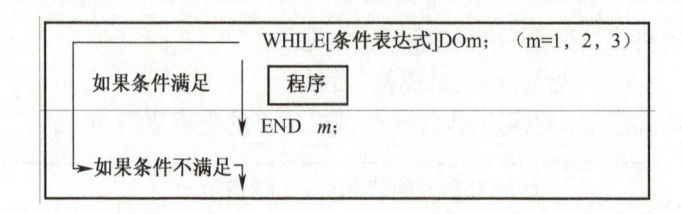

```
                  ┌─────────────────────────────────────────────────┐
                  │           WHILE[条件表达式]DOm；（m=1，2，3）    │
    如果条件满足  │                                                 │
                  │              程序                               │
                  │                                                 │
                  │              END  m；                           │
    如果条件不满足└─────────────────────────────────────────────────┘
```

说明：

a．当指定的条件满足时，循环执行从 DO 到 END 之间的程序；条件表达式不满足时，执行 END 后的程序段。

b．标号值为 1，2，3，用标号值以外的值会产生 P/S 报警 No.126。

c．WHILE DO *m* 和 END *m* 必须成对使用，嵌套不允许超过 3 级。

【知识链接三】常见非圆曲线的类型和车削

1．常见的非圆曲线

常见的非圆曲线有椭圆、双曲线、抛物线和正弦曲线等。其主要参数和方程如表 5-11 所示。实际使用中注意有些系统的 X 需要按照直径进行编程，且大多数情况下，非圆曲线的坐标原点与工件坐标系的原点并不重合，在编程时一般在走刀的指令段中进行相应的坐标偏移，使二者保持一致。通过检验循环起点和循环终点的坐标，可以验证坐标偏移是否正确。

表 5-11 非圆曲线方程

曲　线	图　形	标 准 方 程	参 数 方 程	备　注
椭　圆	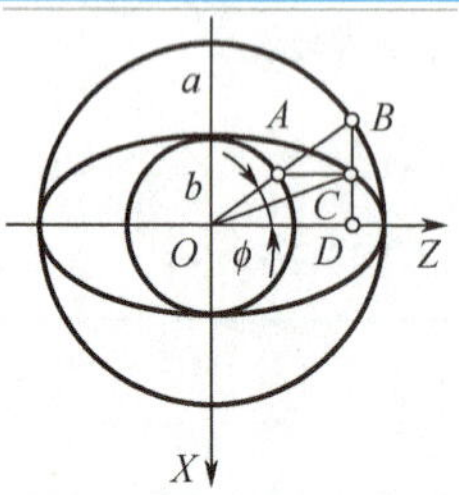	$z^2/a^2+x^2/b^2=1$	$z=a\cos\phi$ $x=b\sin\phi$	a 为长半轴长 b 为短半轴长 ϕ 为离心角
双曲线	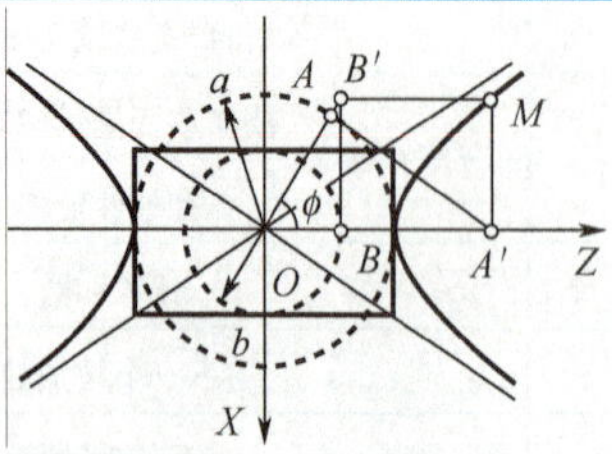	$z^2/a^2-x^2/b^2=1$	$z=a\sec\phi$ $x=b\tan\phi$	a 为实半轴 b 为虚半轴 ϕ 为离心角
抛物线	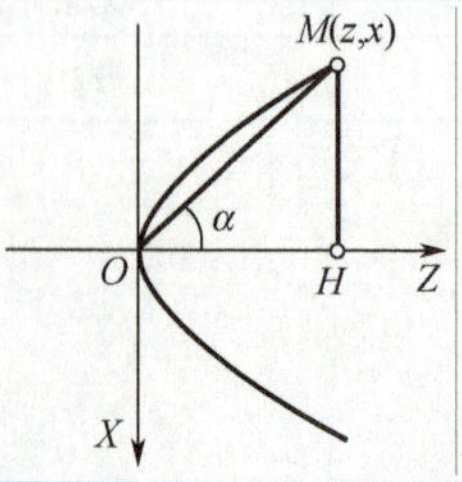	$x^2=2pz$	$x=2pt$ $z=2pt^2$	$t=\tan\alpha$

续表

曲线	图形	标准方程	参数方程	备注
阿基米德螺旋线		$r=a\theta+r_0$	$x=r\cos\theta$ $z=r\sin\theta$	θ 为离心角
正弦曲线		$x=A\sin[360*z/B]$	$x=A\sin t$ $z=[B*t]/360$	t 为角度

2. 非圆曲线工件的车削方法

（1）非圆曲线工件的粗加工

① 对于棒料且轮廓呈现单向递增或单向递减的轮廓，轴类零件可以采用类似于 G71 的走刀路线，如图 5-4 所示；盘类零件可以采用类似于 G72 的走刀路线，如图 5-5 所示。FUNUC 系统中，只允许通过循环指令使用宏程序编写走刀路径，而不允许使用 G71 或 G72 调用宏程序。

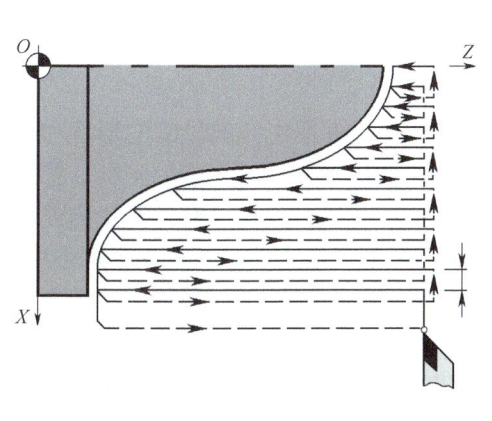

图 5-4 轴向粗车非圆轮廓　　图 5-5 径向粗车非圆轮廓

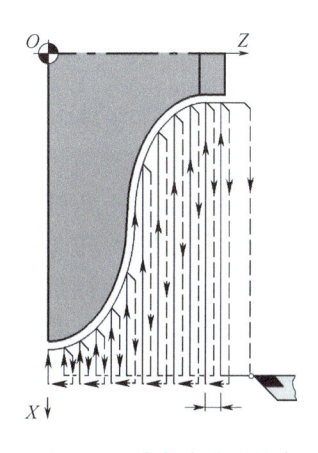

② 对于既有递增又有递减的轮廓，可以使用型车循环指令 G73 进行加工，也可以采用子程序调用指令 M98，调用由宏程序描述的粗加工走刀路径，如图 5-6 所示。使用局部坐标系 G52 指令也可以实现轮廓线与 Z 轴近似平行的非圆轮廓工件的成形加工。

(2) 非圆曲线工件的精加工

非圆曲线工作的精加工一般采用仿形加工,对粗加工后的工件进行半精车和精车,如图 5-7 所示。对于非圆的曲线轮廓,精车时常用多个直线段或圆弧段来拟合曲线轮廓。这些拟合的直线段或圆弧段的交点或切点称为节点,拟合的直线段或圆弧段越多,拟合的误差越小,但 CNC 计算量也越大,如图 5-8 所示。实际加工中,根据加工精度确定节点数目,由 CNC 计算出节点坐标,然后使用直线编程拟合。

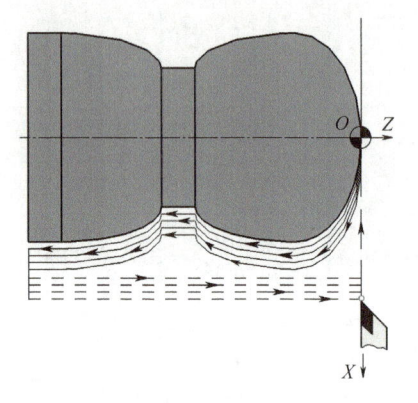

图 5-6　粗车非圆轮廓　　　　　　　　图 5-7　精车非圆轮廓

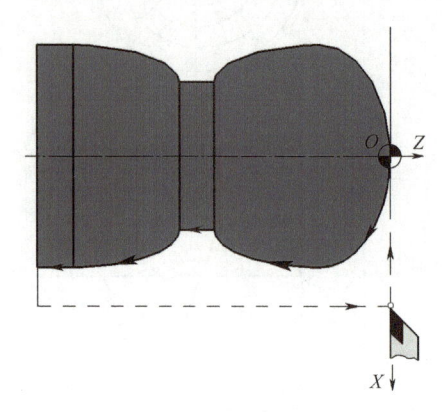

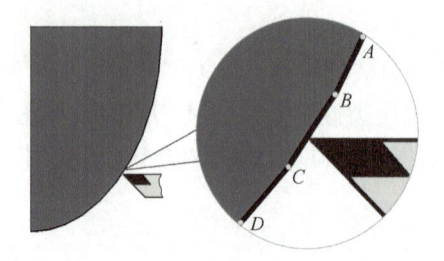

图 5-8　直线段拟合非圆曲线　　　　　　图 5-9　选择 Z 为自变量

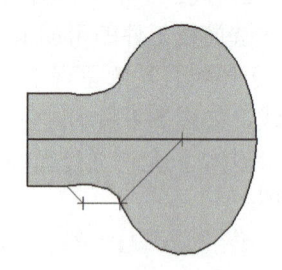

(3) 非圆曲线加工程序的编写

非圆轮廓编程都要有以下几个的要点:①根据零件图中非圆轮廓的形状和位置,选取合适的初始变量——角度或 Z(X)坐标。②正确表达非圆曲线上点的坐标。根据零件图上的尺寸标注,选择标准方程或参数方程表达非圆曲线上点的坐标。③找出或计算出非圆曲线的原点在编程坐标系中的坐标,正确表达非圆曲线上的点在编程坐标系中的坐标。例如:椭圆轮廓,粗加工程序用标准方程比较方便,而精加工程序使用参数方程比较方便。无论使用哪种方程,都需要确定循环程序的循环起点和终点。循环起点由上一个程序段的车削终点坐标所确定;循环终点一般由宏程序中函数的自变量来确定,并作为是否循环终止的判断依据。在使用标准方程时,单增或单减的轮廓可以使用 X 作为自变量,也可以使用 Z 作为自变量;而非单增减的轮廓只能根据轮廓选择其中一个为自变量,如图 5-11 所示仅能使用 Z 作为自变量。使用参数方程时,一般使用角度作为自变量。非圆曲线编程示例如表 5-12 所示。

表 5-12　非圆曲线编程示例

类　型	标准方程 轴向粗车轮廓	标准方程 径向粗车轮廓	参数方程 径向粗车轮廓	参数方程 轴向粗车轮廓
图示				
自变量	X（或Z）	X（或Z）	φ	φ
起始点（或角度）	A	A	0°	90°
终止点（或角度）	B	B	90°	0°
步长	2mm	2mm	10°	10°
类　型	标准方程 轴向精车轮廓	标准方程 径向精车轮廓	参数方程 径向精车轮廓	参数方程 轴向精车轮廓
图示				
自变量	X（或Z）	X（或Z）	φ	φ
起始点（或角度）	B	B	90°	0°
终止点（或角度）	A	A	0°	90°
步长	0.1mm	0.1mm	0.5°	0.5°

使用 IF GOTO 时的结构包括以下几个部分。使用 IF GOTO 编程示例如表 5-13 所示。

① 为自变量和因变量赋初值；
② 定义粗车或精车走刀路线；
③ 定义自变量要增加（或减少）的步长；
④ 根据曲线特征，描述出因变量的函数方程；
⑤ 使用 IF GOTO 语句将自变量（或因变量）的当前数值同终点坐标（或角度）进行比较，以确定循环的走向。

表 5-13　使用 IF GOTO 编程示例

程序号	程　　序	说　　明
N10	#24=0;	给 X 赋初值，即 X=0
N20	#26=20;	给 Z 赋初值，即 Z=20
N30	G01 X#24 Z[#26-20] F0.08;	精车椭圆

续表

程 序 号	程　　　序	说　　　明
N40	#26=#26-0.1;	#26 为自变量，Z 步长设定为 0.1
N50	#24=28/20*SQRT[20*20-#26*#26];	$X=b/a*SQRT[a*a-X*X]$
N60	IF [#26 GE 0] GOTO 30;	循环控制，Z 是否≥0

使用 WHILE DO-END 时的结构包括以下几个部分。编程示例如表 5-14 所示。

① 为自变量和因变量赋初值；

② 使用 WHILE DO 语句将自变量（或因变量）的当前数值同终点坐标（或角度）进行比较，以确定循环的走向；

③ 定义粗车或精车走刀路线；

④ 定义自变量要增加（或减少）的步长；

⑤ 根据曲线特征，描述出因变量的函数方程；

⑥ END 结束宏程序循环。

表 5-14　使用 WHILE DO 和 END 编程示例

程 序 号	程　　　序	说　　　明
N10	#24=0;	给 X 赋初值，即 X=0
N20	#26=20;	给 Z 赋初值，即 Z=20
N30	WHILE [#26 GE 0] DO 1;	循环控制，Z 是否≥0
N40	G01 X#24 Z[#26-20] F0.08;	精车椭圆
N50	#26=#26-0.1;	#26 为自变量，Z 步长设定为 0.1
N60	#24=28/20*SQRT[20*20-#26*#26];	$X=b/a*SQRT[a*a-Z*Z]$
N70	END 1;	宏程序循环结束

【知识链接四】宏程序的调用指令 G65、G66 和取消指令 G67

1. 非模态调用指令 G65

格式：G65 P$\underline{p}$ L$\underline{l}$（自变量指定）；

说明如下。

a. p：要调用的程序。

b. l：重复调用的次数，默认值为 1。

c. 自变量：数据传输到宏程序。可以用于修改宏程序中的图形参数和加工参数，例如：通过数据传输可修改椭圆的长半轴 a 和短半轴 b，从而改变椭圆的离心率，如图 5-10 所示。

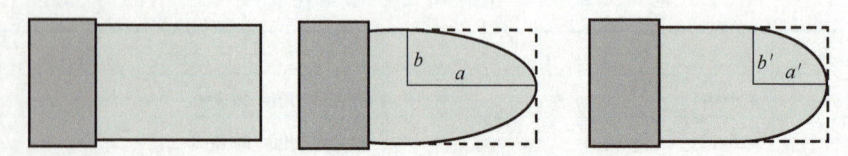

图 5-10　使用参数改变椭圆离心率

例如：G65 P0011 A50 B28；（0011 为椭圆车削的宏程序，A 为向宏程序传输的椭圆长半轴 a 尺寸，B 为向宏程序传输的椭圆短半轴 b 尺寸）

G65 P0011 A20 B28；（加工椭圆的半轴 a 为 20，半轴 b 为 14）

2．模态调用指令 G66 和模态调用取消指令 G67

格式：G66 P_p_ L_l_（自变量指定）；

G67；

说明：一旦发出 G66 则指定模态调用，即指定沿移动轴移动的程序段后调用宏程序，直到 G67 取消模态调用。

项目综合训练

【综合训练一】车削抛物线椭圆工件

毛坯为 ϕ50mm 的塑料棒，试使用 WHILE DO 和 END 指令车削成如图 5-11 所示零件。

$$\frac{x^2}{5^2}+\frac{z^2}{8^2}=1\ (x\text{为半径值})$$

$$z=-\frac{x^2}{8}\ (x\text{为半径值})$$

数控车削加工	工时	图号	名称	材料及尺寸
抛物线椭圆加工	60min	CKA027	抛物线椭圆工件	塑料棒ϕ50

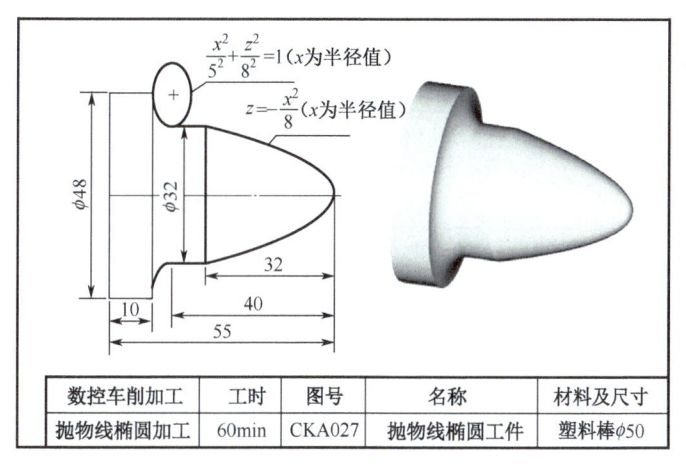

图 5-11 抛物线椭圆曲面加工

一、分析加工工艺

在表 5-15 中填写起刀点、换刀点和各基点坐标。

表 5-15　起刀点、换刀点和各基点坐标

基　　点	X 坐 标 值	Z 坐 标 值	基　　点	X 坐 标 值	Z 坐 标 值
O			E		
A			F		
B			G		
C			H		
D			I		

二、编写加工技术文件

1. 工序卡（由读者根据图纸编写工序卡，填写于表 5-16）

表 5-16　抛物线椭圆工件的工序卡

材料	塑料棒	产品名称或代号		零件名称		零件图号	
		CKA027		抛物线椭圆工件		CKA027	
工序号		程序编号	夹具名称		使用设备		车间
001		O0027	三爪自定心卡盘				数控实习车间
工步号	工步内容	刀具号	刀具规格 $b×h$(mm×mm)	主轴转速 n(r/min)	进给量 f(mm/r)	背吃刀量 a_p(mm)	备注
1							
2							
3							
4							
编制		批准		日期		共1页	第1页

2. 刀具卡（由读者根据工序卡编写刀具卡，填写于表 5-17）

表 5-17　抛物线椭圆工件的刀具卡

产品名称或代号	CKA027	零件名称		抛物线椭圆工件	零件图号	CKA027
序号	刀具号	刀具名称	数量	加工表面	刀尖半径 R（mm）	刀尖方位 T	备注
1							
2							
3							
4							
编制		批准		日期		共1页	第1页

3. 编写程序（毛坯 $\phi50×80$，由读者根据图纸和工序卡编写程序，填写于表 5-18 中）

表 5-18 抛物线椭圆工件的程序

程序号：O0027		
程序段号	程序内容	说　明
N10		
N20		
N30		
N40		
N50		
N60		
N70		
N80		
N90		
N100		
N110		
N120		
N130		
N140		
N150		
N160		
N170		
N180		
N190		
N200		
N210		
N220		
N230		
N240		
N250		
N260		
N270		
N280		
N290		
N300		
N310		
N320		
N330		
N340		

续表

程序号：O0027		
程序段号	程序内容	说 明
N350		
N360		
N370		
N380		
N390		
N400		
N410		
N420		
N430		
N440		
N450		

【综合训练二】车削正弦曲线工件

毛坯为 ϕ34mm 的塑料棒，试使用 G73 和 G70 指令车削成如图 5-12 所示零件。

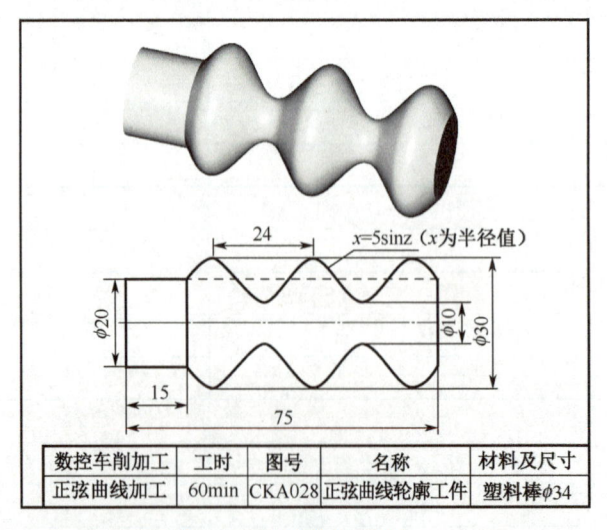

图 5-12 正弦曲线工件加工

一、分析加工工艺

在表 5-19 中填写起刀点、换刀点和各基点坐标。

表 5-19 起刀点、换刀点和各基点坐标

基　点	X 坐 标 值	Z 坐 标 值	基　点	X 坐 标 值	Z 坐 标 值
O			E		
A			F		
B			G		
C			H		
D			I		

二、编写加工技术文件

1. 工序卡（由读者根据图纸编写工序卡，填写于表 5-20）

表 5-20 正弦曲线工件的工序卡

材料	塑料棒	产品名称或代号		零件名称		零件图号	
		CKA028		正弦曲线工件		CKA028	
工序号	程序编号	夹具名称		使用设备		车间	
001	O0028	三爪自定心卡盘				数控实习车间	
工步号	工步内容	刀具号	刀具规格 $b×h$(mm×mm)	主轴转速 n(r/min)	进给量 f(mm/r)	背吃刀量 a_p(mm)	备注
1							
2							
3							
4							
编制		批准		日期		共 1 页	第 1 页

2. 刀具卡（由读者根据工序卡编写刀具卡，填写于表 5-21）

表 5-21 正弦曲线工件的刀具卡

产品名称或代号	CKA028	零件名称		正弦曲线工件		零件图号	CKA028
序号	刀具号	刀具名称	数量	加工表面	刀尖半径 R（mm）	刀尖方位 T	备注
1							
2							
3							
4							
编制		批准		日期		共 1 页	第 1 页

3. 编写程序（毛坯 ϕ34×90，由读者根据图纸和工序卡编写程序，填写于表 5-22 中）

表5-22 正弦曲线工件的程序

程序号：O0028		
程 序 段 号	程 序 内 容	说　　明
N10		
N20		
N30		
N40		
N50		
N60		
N70		
N80		
N90		
N100		
N110		
N120		
N130		
N140		
N150		
N160		
N170		
N180		
N190		
N200		
N210		
N220		
N230		
N240		
N250		
N260		
N270		
N280		
N290		
N300		
N310		
N320		
N330		
N340		

续表

程序段号	程序内容	说　　明
程序号：O0028			
N350		
N360		
N370		
N380		
N390		
N400		
N410		
N420		
N430		
N440		
N450		
N460		
N470		
N480		
N490		

【综合训练三】车削椭圆沟槽工件

毛坯为 ϕ52mm 的塑料棒，试使用 G65、G66 和 G67 指令车削成如图 5-13 所示零件。

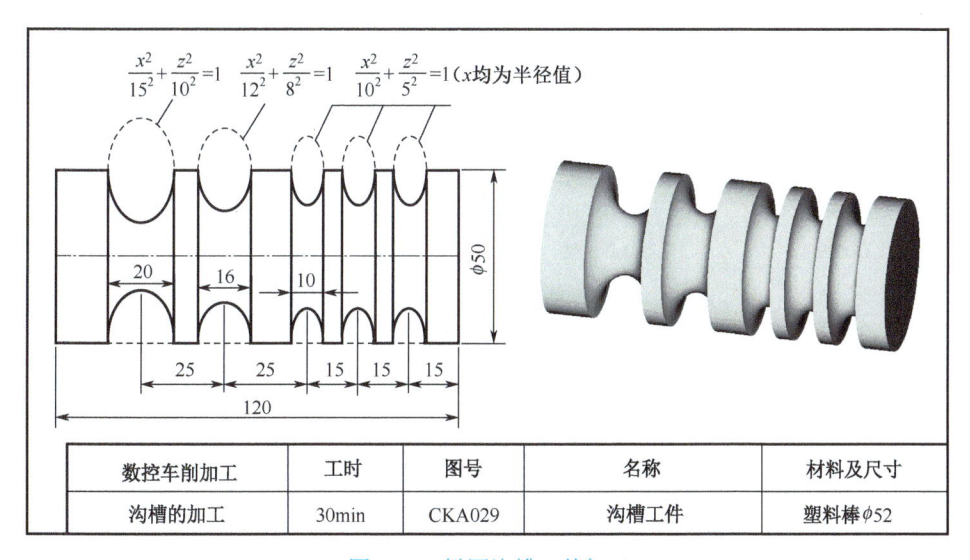

$$\frac{x^2}{15^2}+\frac{z^2}{10^2}=1 \quad \frac{x^2}{12^2}+\frac{z^2}{8^2}=1 \quad \frac{x^2}{10^2}+\frac{z^2}{5^2}=1 \text{（}x\text{均为半径值）}$$

数控车削加工	工时	图号	名称	材料及尺寸
沟槽的加工	30min	CKA029	沟槽工件	塑料棒 ϕ52

图 5-13　椭圆沟槽工件加工

一、分析加工工艺

_____
_____
_____
_____
_____
_____
_____
_____
_____

在表 5-23 中填写起刀点、换刀点和各基点坐标。

表 5-23 起刀点、换刀点和各基点坐标

基 点	X 坐标值	Z 坐标值	基 点	X 坐标值	Z 坐标值
O			E		
A			F		
B			G		
C			H		
D			I		

二、编写加工技术文件

1. 工序卡（由读者根据图纸编写工序卡，填写于表 5-24）

表 5-24 椭圆沟槽工件的工序卡

材料	塑料棒	产品名称或代号		零件名称		零件图号	
		CKA029		椭圆沟槽工件		CKA029	
工序号	程序编号	夹具名称		使用设备		车间	
001	O0029	三爪自定心卡盘				数控实习车间	
工步号	工步内容	刀具号	刀具规格 $b×h(mm×mm)$	主轴转速 $n(r/min)$	进给量 $f(mm/r)$	背吃刀量 $a_p(mm)$	备注
1							
2							
3							
4							
编制		批准		日期		共 1 页	第 1 页

2. 刀具卡（由读者根据工序卡编写刀具卡，填写于表 5-25）

表 5-25 椭圆沟槽工件的刀具卡

产品名称或代号	CKA029	零件名称	椭圆沟槽工件		零件图号	CKA029
序号	刀具号	刀具名称	数量	加工表面	刀尖半径 R（mm）	刀尖方位 T	备注
1							
2							
3							
4							
编制		批准		日期		共1页	第1页

3．编写程序（毛坯 ϕ52×80，由读者根据图纸和工序卡编写程序，填写于表 5-26 中，切槽子程序填写于表 5-27 中）

表 5-26 椭圆沟槽工件的程序

程 序 段 号	程 序 内 容	说　　明
N10		
N20		
N30		
N40		
N50		
N60		
N70		
N80		
N90		
N100		
N110		
N120		
N130		
N140		
N150		
N160		
N170		
N180		
N190		
N200		
N210		
N220		
N230		

续表

程 序 段 号	程 序 内 容	说　明
N240		
N250		
N260		
N270		
N280		
N290		
N300		
N310		
N320		
N330		
N340		
N350		
N360		
N370		
N380		
N390		
N400		
N410		
N420		
N430		
N440		
N450		
N460		
N470		
N480		
N490		

表 5-27　切槽的子程序

程序号：		
程 序 段 号	程 序 内 容	说　明
N10		
N20		
N30		
N40		
N50		
N60		

续表

程 序 段 号	程 序 内 容	说　　明
\multicolumn{3}{c}{程序号：}
N70		
N80		
N90		
N100		
N110		
N120		
N130		
N140		
N150		
N160		
N170		

【技能训练】

1. 毛坯为ϕ50mm 的塑料棒，试车削成如图 5-14 所示零件。

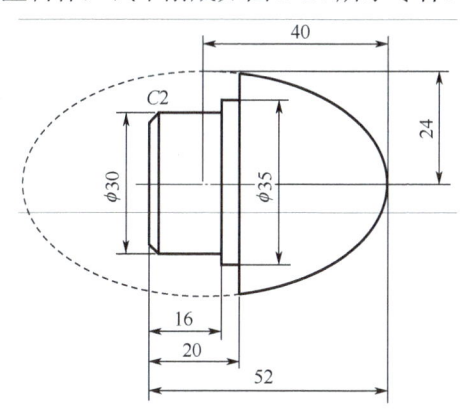

图 5-14　技能训练（1）图

2. 毛坯为ϕ30mm 的塑料棒，试车削成如图 5-15 所示零件。

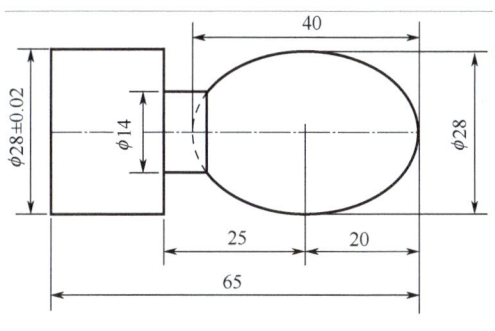

图 5-15　技能训练（2）图

3. 毛坯为ϕ50mm 的塑料棒，试车削成如图 5-16 所示零件。

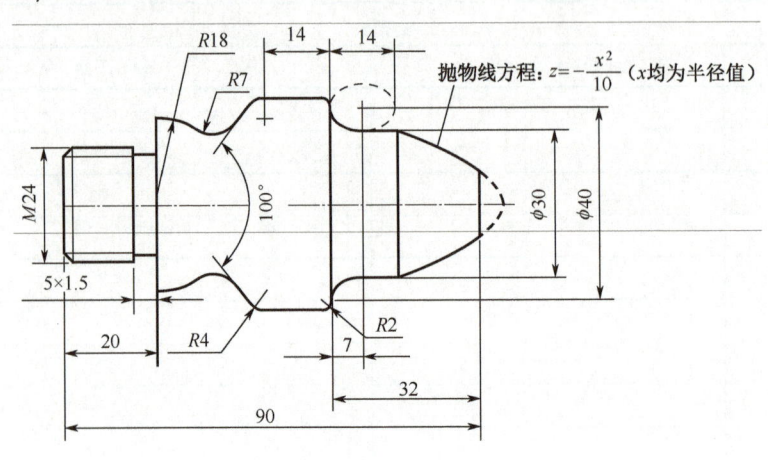

抛物线方程：$z=-\dfrac{x^2}{10}$（x均为半径值）

图 5-16　技能训练（3）图

4. 毛坯为ϕ50mm 的塑料棒，零件右侧内孔腔由一段抛物线组成，设ϕ25 的孔已经钻出，试车削成如图 5-17 所示零件。

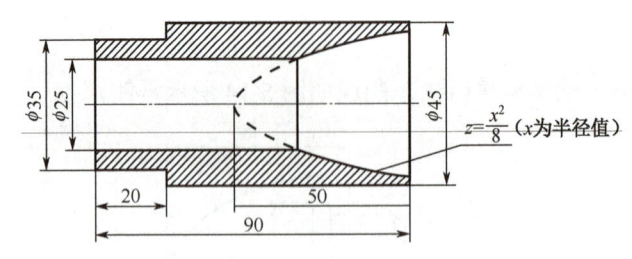

$z=\dfrac{x^2}{8}$（x为半径值）

图 5-17　技能训练（4）图

附录

FANUC 0i Mate-TC 系统常用 G 指令表

G 代码			组	功　能	G 代码			组	功　能
A	B	C			A	B	C		
G00	G00	G00	01	快速定位	G65	G65	G65	00	宏程序调用
G01	G01	G01		直线插补	G66	G66	G66	12	宏程序模态调用
G02	G02	G02		顺时针圆弧插补	G67	G67	G67		宏程序模态调用取消
G03	G03	G03		逆时针圆弧插补	G70	G70	G72	00	精加工循环
G04	G04	G04	00	进给暂停	G71	G71	G73		内径/外径粗车循环
G18	G18	G18	16	ZpXp 平面选择	G72	G72	G74		平端面粗车循环
G20	G20	G70	06	英寸输入	G73	G73	G75		型车复循环
G21	G21	G71		毫米输入	G74	G74	G76		端面深孔钻削
G32	G33	G33	01	螺纹切削	G75	G75	G77		内径/外径钻孔
G34	G34	G34		变螺距螺纹切削	G76	G76	G78		螺纹切削复循环
G40	G40	G40	07	刀尖半径补偿取消	G90	G77	G20	01	内径/外径切削循环
G41	G41	G41		刀尖半径左补偿	G92	G78	G21		螺纹切削循环
G42	G42	G42		刀尖半径右补偿	G94	G79	G24		端面车循环
G50	G92	G92	00	坐标系设定或最大主轴转速嵌制	G96	G96	G96	02	恒表面线速度控制
G52	G52	G52		局部坐标系设定	G97	G97	G97		恒表面线速度控制取消
G53	G53	G53		机床坐标系选择	G98	G94	G94	05	每分进给
G54	G54	G54	14	选择工件坐标系 1	G99	G95	G99		每转进给
G55	G55	G55		选择工件坐标系 2					
G56	G56	G56		选择工件坐标系 3					
G57	G57	G57		选择工件坐标系 4					
G58	G58	G58		选择工件坐标系 5					
G59	G59	G59		选择工件坐标系 6					

说明：

1. 用 3401 号参数的第 6 位（GSB）和第 7 位（GSC）选择 G 代码系统。本书使用的是 G 代码系统 A。

2. 在系统 A 中，如果设定 3402 号参数的第 6 位（CLR），则开机或复位有效的 G 代码有 G00、G18、G40、G54、G67、G97 和 G99；当电源接通或复位而使系统为清除状态时，原来的 G20 或 G21 保持有效。

参考文献

[1] 朱艳芳．数控加工编程与操作［M］．重庆：西南师范大学出版社，2008．
[2] 黄金龙．数控车床编程与实训［M］．北京：科学出版社，2007．
[3] 陈天祥．数控加工技术及编程实训［M］．北京：清华大学出版社，2008．
[4] 李军，崔兆华．数控车床加工工艺与编程操作［M］．南京：江苏教育出版社，2011．
[5] 刘小禄．数控车削操作与编程［M］．北京：科学出版社，2008．
[6] 李国举．数控车削加工技术项目教程［M］．北京：外语教学与研究出版社，2011．
[7] 广东省职业技术教研室．数控车床编程与操作［M］．广州：广东经济出版社，2002．
[8] 河南职业技术教育教学研究室．数控车削技术［M］．北京：电子工业出版社，2008．
[9] 北京 FANUC．FANUC Series 0i Mate-TC 操作说明书［M］．
[10] 顾晔，楼章华．数控加工编程与操作［M］．北京：人民邮电出版社，2009．
[11] 谢晓红．数控车削编程与加工技术［M］．北京：电子工业出版社，2005．
[12] 王猛．机床数控技术应用实习指导［M］．北京：高等教育出版社，1999．
[13] 孙伟伟．数控车工实习与考级［M］．北京：高等教育出版社，2004．
[14] 高枫，肖卫宁．数控车削编程与操作训练［M］．北京：高等教育出版社，2005．
[15] 沈建峰，朱勤惠．数控车床技能鉴定考点分析和试题集萃［M］．北京：化学工业出版社，2007．